実務で役立つ

バックアップの教科書

増井 敏克

基本の考え方から、ツール活用・差分管理・世代管理・データ保全・リストア・リカバリー・可用性の確保まで

はじめに

パソコンが起動しなくなって焦った、という経験はありませんか？故障なら修理すれば問題ないのですが、怖いのはデータが失われることです。コンピュータやアプリはお金さえ払えばいくらでも手に入れられますが、自分が作成したファイルや撮影した写真は、一度失われると元に戻ることはありません。

その他にも、保存したはずのデータを間違って上書きしてしまった、デジタルカメラにエラーが表示されて過去に撮影した写真にアクセスできなくなった、という例も聞きます。

最近では、ランサムウェアなどのウイルスによる被害にあったというニュースをよく耳にするようになりました。ランサムウェアではデータが暗号化され、そのデータを元に戻すために身代金を払うことを要求されます。

こういった事態が発生したときに必要なのがバックアップです。定期的にバックアップを取得しておくことで、上記のような問題が起きたときに、そのデータを使って復旧できます。

それでは、「バックアップを取得していますか？」と聞かれたとき、自信を持って「はい」と答えられるでしょうか？

その重要性は理解しているものの、面倒だと感じて後回しにしている人が多いように思います。企業でもバックアップを取得しているものの、それを使うことはほとんどありません。バックアップを取得することが売上などにつながるわけではなく、問題が発生するまではコストでしかありません。このため、どうしても後回しになってしまうのです。

しかし、問題が発生したときにその重要性に気付きます。パソコンが故障した、データを誤って削除してしまった、上書きしてしまった、といった事案が発生すると、バックアップなしでデータを元に戻すのは大変です。

ランサムウェアに感染してしまった場合、身代金を支払わないためには、暗号化されてしまったデータを自分たちで復旧する必要があります。身代金を支払えばデータが元に戻る可能性はありますが、保証はありません。反社会的な組織に資金を提供することになるため、一般的な考え方として身代金を支払うべきではありません。

さらに問題なのは、バックアップを取得していても、そのデータから元に戻した経験がない人が多いことです。バックアップを取得しているつもりでも、いざというときに使えないのでは意味がありません。問題なく取得できていたとしても、復旧するのに膨大な時間がかかって、現実的に復旧できない可能性もあります。

なお、バックアップが必要なのはデータだけではありません。マウスやキーボードが故障するとパソコンを操作できなくなりますし、ディスプレイが故障すると処理状況を表示できなくなります。このように、ハードウェアの故障に備えるバックアップも必要です。

また、ソフトウェアのサポート終了などのリスクもあります。使用しているソフトウェアを提供している会社が倒産した、サポートが終了して脆弱性が残ったままになっている、という状況になると、代替のソフトウェアを探さなければなりません。このようにソフトウェアが使えなくなることに備えるバックアップも必要です。

ネットワークのバックアップも必要です。現代はインターネットに接続してコンピュータを使用することが当たり前なので、ネットワークに障害が発生すると、業務に大きな影響が出ます。障害が短時間であっても、オンラインセミナーなどを主催している場合には、参加者に障害の状況を伝える術もなくなってしまいます。

このようなバックアップの考え方はコンピュータを使う場面に限ったものではありません。会社のスタッフが病気や家庭の事情などにより長期間の休養が必要になれば、その人のバックアップも必要でしょう。

本書では、主に「データのバックアップ」について解説し、最後の第7章にて少しだけデータ以外のバックアップについても触れています。

必要になったときに焦らないように、バックアップの考え方について理解し、継続して運用してください。

2025年1月　増井 敏克

CONTENTS

第2章 バックアップに使われるツール

第3章

バックアップに使われる技術

第4章 世代管理

第5章 データベースのバックアップ

COLUMN

読者特典データのご案内

本書の読者限定！
『図解まるわかり セキュリティのしくみ』
抜粋PDF（24ページ）を特別提供します

本書読者の皆様に、『図解まるわかり セキュリティのしくみ』（増井敏克・著／翔泳社・刊）より、暗号や、情報セキュリティへの組織的な対応について解説したページを抜粋して、特別にご提供いたします（PDF形式、24ページ）。本書の補足解説としても適した内容になっていますので、より知見を深めたい方はぜひお読みください。

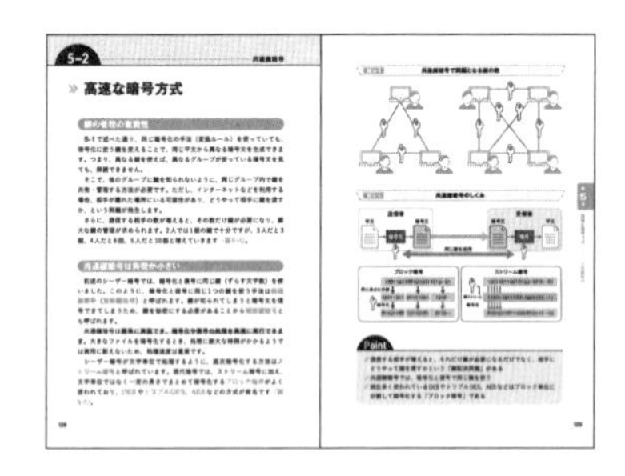

5-2

高速な暗号方式

読者特典データは、以下のWebサイトからダウンロードして入手いただけます。

https://www.shoeisha.co.jp/book/present/9784798188386

※読者特典データのファイルは圧縮されています。ダウンロードしたファイルをダブルクリックすると、ファイルが解凍され、ご利用いただけます。

● 注意

※読者特典データのダウンロードには、SHOEISHA iD（翔泳社が運営する無料の会員制度）への会員登録が必要です。詳しくは、上記Webサイトをご覧ください。

※読者特典データに関する権利は著者および株式会社翔泳社が所有しています。許可なく配布したり、Webサイトに転載することはできません。

※読者特典データの提供は予告なく終了することがあります。あらかじめご了承ください。

※図書館利用者の方もダウンロード可能です。

● 免責事項

※会員特典データの記載内容は、2018年9月刊行当時の法令等に基づいています。

※会員特典データに記載されたURL等は予告なく変更される場合があります。

※読者特典データの提供にあたっては正確な記述につとめましたが、著者や出版社などのいずれも、その内容に対してなんらかの保証をするものではなく、内容やサンプルに基づくいかなる運用結果に関してもいっさいの責任を負いません。

※会員特典データに記載されている会社名、製品名はそれぞれ各社の商標および登録商標です。

第1章

バックアップの考え方

バックアップが重要であることは「はじめに」に書いたとおりです。しかし、どんなデータも同じようにバックアップすればよいわけではありません。本章ではデータの内容やリスクに応じて、どのような手法を使えばよいのか、その考え方を解説します。

1-1 何をバックアップするか

役立つのはこんなとき

- バックアップの基本的な考え方を知りたい
- 必要なデータを迅速に元に戻したい

何をバックアップするのかを考えるとき、まずは保有するデータの特徴を把握することから始めます。たとえば、更新の頻度や内容の重要度を考えると、どのような優先順位でバックアップする必要があるのかが見えてきます。

バックアップの対象について考える

「バックアップ」といったときに多くの人がすぐに思いつくのは、データをコピーすることです。たとえば、パソコンの中にあるハードディスクに保存されているデータを、外付けのハードディスクなどにコピーする方法が考えられます。すべてのデータをコピーしただけで、ひと安心してしまう人が多いものです。

これは、バックアップを取得するときの考え方として間違っているわけではありません。データをコピーすることで、複数の場所にデータが保存されるため、いずれかが故障してももう1つの場所にデータが残ります。

しかし、多くの人はこの作業を1度だけ実施して終わってしまいます。その理由は、時間がかかって面倒だからです。データの量が多いと何時間もかかりますし、外付けのハードディスクを接続して外す、という作業を毎回繰り返さなければなりません。そして、「今週は忙しいから来週やろう」「月に1回でいいか」などと言い訳をしながら、結果としていつ取得されたかわからないバックアップだけが残ります。

このようなバックアップは使おうと思ったときに古すぎて役立ちません。適切に管理されていないデータは、元に戻しても意味がないのです。写真や動画のようにあまり更新されることがないデータであれば、ある程度価値はあるかもしれませんが、業務で使うようなデータが数年前のものでは、使い道がありません。

ここで重要なのは、すべてのデータを同じようにバックアップするのは無駄が多いということです。頻繁に更新されるデータと、ほとんど更新されないデータを同じようにバックアップするのではなく、データの種類や内容によってバックアップの手法を変える必要があります。また、復旧までにどのくらいの時間が許容されるのかによっても、バックアップの手法は変わってきます。そこで、まずはデータを分類するところから始めます。

情報資産のリスクマネジメント

個人や企業、学校などが取り扱う情報にはさまざまな種類があり、これらをまとめて**情報資産**といいます。情報資産には、コンピュータで取り扱うものだけでなく、紙の資料や人の記憶なども該当します（図1-1）。

図1-1 情報資産の例

情報資産を守るときは、それに悪影響を与えるものを取り除くなどのさまざまな対策を考える必要があります。このとき、悪影響を与える原因や要因を**脅威**、その可能性（発生確率）を**リスク**といいます。

そして、それぞれの情報資産に対するリスクの有無、被害が発生した場合の影響、発生する頻度、復旧に要する時間などを明確にして評価します。このように、リスクを特定、分析、評価するために実施する作業をまとめて**リスクアセスメント**と呼んでいます。さらに、リスクアセスメントからリスク対応までを含めた総称を**リスクマネジメント**といいます（図1-2）。

図1-2 リスクマネジメントとリスクアセスメント

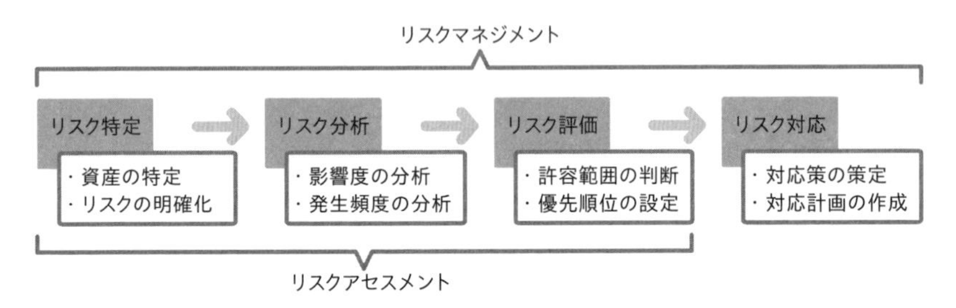

リスクアセスメントを実施する

データを「特徴」から分類する

ここでは、情報資産の中でも「コンピュータで保存しているデータ」が失われる可能性をリスクとして設定することにします。

リスクアセスメントの最初のステップであるリスクの特定において、保有するデータの特徴を把握します。たとえば、図1-3のような3種類のデータがあったとします。それぞれのデータがどのような特徴を持っているのかを考えてみましょう。

文書ファイル

WordやExcelといったオフィスソフトで作成されるものが多く、PDF形式で保存されていることもあります。ファイル単位で扱われることが多く、フォルダに分類して保存されるのが一般的です。それぞれのファイルサイズはそれほど大きくなく、更新される頻度も多くはありません。請求書や領収書、契約書のように、一度使われるとそれ以降は更新されないものもあります。

図1-3 保有するデータの例

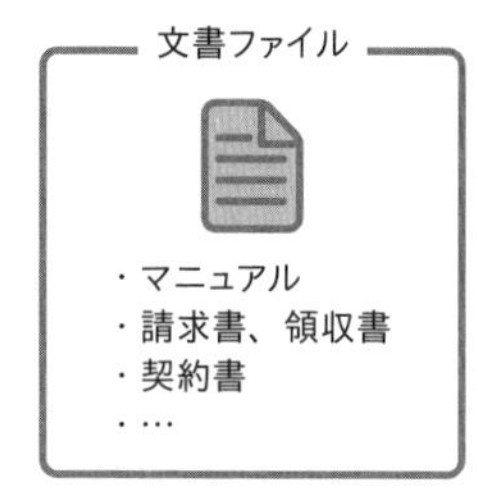

文書ファイル
・マニュアル
・請求書、領収書
・契約書
・…

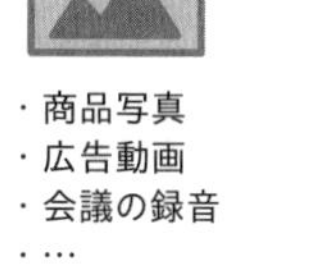

写真や動画、音声などのデータ

写真は個々のファイルとして保存されていても、写真管理ソフトなどの専用ソフトを使って一覧表示するなど、複数のファイルをまとめて扱うことも多いです。

動画の場合にはファイルサイズが大きくなりやすく、セミナーなどを撮影した長時間にわたる動画であれば、1つのファイルで数GBといったサイズになることもあります。

撮影した後に、簡単な編集や加工によって上書きすることはありますが、更新される頻度は少ないといえます。

顧客情報や在庫情報などを記録したデータベース

企業が管理する顧客情報や在庫情報、発注情報を管理しているデータベースや、ECサイトのようにインターネット上に公開されているWebサイトが使用しているデータベースであれば、その中身は頻繁に更新されます。更新されるだけでなく、何度も読み込まれるという特徴もあります。

日次での集計や月次での集計など、さまざまな集計に使われるため、頻繁にアクセスされます。1つのレコード（行）単位ではあまり大きなデータではありませんが、データベースのテーブル（表）単位で考えると、それなりの大きさになることが多いでしょう。

このように、データの保存方法やファイルの大きさ、読み込みや更新の頻度など、データの種類によって特徴が大きく異なることがわかります。

扱うデータの種類は、そのデータを管理している部署によって異なると考えることもできます。総務部門などでは文書ファイルが多い、営業部門や広報部門では写真や動画が多い、情報システム部門ではデータベースが多いなど、業務内容によって扱うデータの種類が変わります。当然、そのデータを保存するために必要な容量も部署によって違います。

これらの情報資産を保護するためには、それぞれに管理担当者を任命し、適切に保護することが求められます。

データを「重要度」から分類する

データの特徴によって分類する他に、その重要度によって分類する方法もあります。たとえば、文書ファイルといっても中身によって重要度は大きく異なります。社内での業務マニュアルや会議の議事録のような文書と、取引先とやり取りする契約書では、後者の方が重要度は高いでしょう。データベースでも、社内の勤怠管理のデータと、ECサイトの顧客情報のデータでは、重要度が違ってきます。

そこで、リスクアセスメントの2つ目の段階として、リスクを分析します。多くの企業ではセキュリティの観点から、図1-4のような「情報の重要度」を定めています。

図1-4 情報の重要度

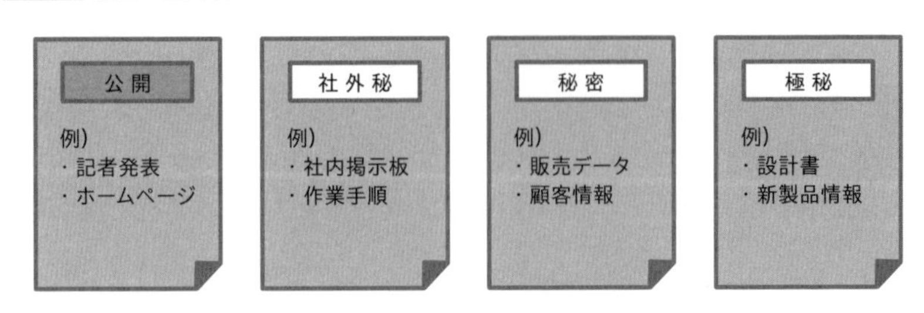

このような重要度は、主に情報漏洩などに備える意味で定められているものなので、バックアップの取得においては少し評価基準が異なります。バックアップではデータが失われたときのことを考えるため、表1-1のような視点が挙げられます。

表1-1 バックアップでの重要度の評価

視点	データが失われたときの影響
ビジネスへの影響度	業務が継続できない
法的な要件	法律で定められたデータの保持期間を満たせない
データの更新頻度	最新の内容を取得できない
履歴の必要性	過去のある時点の情報に戻せない

ビジネスへの影響度には、いくつかの段階があるものです。これを分析することは**BIA（Business Impact Analysis；ビジネスインパクト分析）**とも呼ばれ、ビジネス上のさまざまなリスクによる影響を、定量的または定性的に分析することを指します。

また、データの更新頻度について考えると、頻繁に更新されるデータについては、やはり頻繁にバックアップを取得することが求められます。これもいくつかの段階に分けて考えます。

当然、データが増えるペースも把握しておかなければなりません。データが増える理由としては、次のようなことが挙げられます。

- 法的な要件により、古いデータも保存しておく必要がある
- データ分析のために、古いデータを削除できない
- 写真や動画など、容量の大きなデータを扱う機会が多くなっている
- カメラの性能向上などにより、1つ1つのデータサイズが大きくなっている
- 組織の成長により、データの作成量が増している

このように、視点の違いによって、バックアップに求められるものは変わるのです。そして、それに応じて保存先を検討する必要があります。一般的に使われる保存先として、表1-2 のようなものが挙げられます。

表1-2 保存先の例

保存先	具体例
内部ストレージ	内蔵ハードディスク、SSDなど
外部ストレージ	外付けハードディスク、USBメモリなど
オンラインストレージ	クラウドサービスなど （例：OneDrive、Google Drive、Box、Dropbox）
記録媒体	CD、DVD、テープなど

手元のパソコンで作業したデータは内部ストレージに保存されていることが多いため、バックアップの保存先はそれ以外の場所にします。これはサーバー側でも同じで、サーバーの内部ストレージに保存されているデータは、それ以外の場所に保存することになります。

保存先を選ぶときは、性能や価格、使い勝手などを意識して評価します。たとえば、外部ストレージは安価に大容量のデータを保存できますが、接続や取り外しの操作を毎回行うのは面倒です。オンラインストレージであれば、使用する量に応じて契約プランが変わります。このため、保存したいデータの種類や内容などを考慮して、最適なものを選択する必要があります。

優先順位を設定する

ここまでのようにデータを分類することで、データが失われるリスクの特定・分析ができます。ここからはリスクアセスメントの3つ目のステップとして、リスクを評価する方法を解説します。このステップでは、どのデータを優先してバックアップするのか、優先順位を設定します。この優先順位は、上記で解説したビジネスへの影響度、法的な要件、更新頻度などを考慮して決定します。

しかし、バックアップのタイミングをファイルごとに変えるのは難しいものです。そこで、システムの単位で優先順位を付けることがあります。たとえば、一般的な企業で使われるシステムは大きく「基幹系システム」と「情報系システム」に分けられます。

バックアップの観点から見た「基幹系システム」

仕事に使うシステムのうち、停止すると業務に多大な影響が出る、もしくは業務が完全に止まってしまうようなシステムです。たとえば、工場などの生産現場であれば、生産管理システムが停止すると製造ができなくなります。販売や倉庫管理などの現場であれば、在庫管理システムが停止すると現在の在庫が把握できず、商品の販売や出荷ができなくなるおそれがあります。勤怠管理システムや給与計算システムが停止すると、従業員の給料が支払えないかもしれません。会社の資産は「ヒト・モノ・カネ」といわれますが、基幹系システムはこれらを管理するシステムです。

一般に、新しい技術を導入してシステムを便利にしていくことよりも、システムが安定して動くことを優先する傾向があります。

バックアップの観点から見た「情報系システム」

普段の業務を円滑に進めるために必要なシステムです。メールやチャット、スケジュール管理といった機能を備えるグループウェアなどが該当します。こういったシステムは、使えないと業務に支障は出ますが、電話や手帳などの代替手段によって業務が継続できなくはありません。

情報系システムは基幹系システムとは逆に、新しい便利なツールに切り替えたりアップデートしたりするなどして、業務を改善するために積極的な更新が好まれます。

それぞれのバックアップのタイミング

基幹系システムは業務内容ごとにさまざまなシステムが用意されているので、

それぞれのシステムによってバックアップのタイミングを設定します。

情報系システムについてはグループウェアが備えるバックアップ機能を使うだけなので、それほど複雑にはなりません。

復旧の目標（時間・時点）を設定する

優先順位を設定できたら、その内容にもとづいて、バックアップの取得方法を検討します。このときに考えておかなければならない指標として、**RTO（目標復旧時間；Recovery Time Objective）**と**RPO（目標復旧時点；Recovery Point Objective）**があります（図1-5）。

図1-5 RPOとRTO

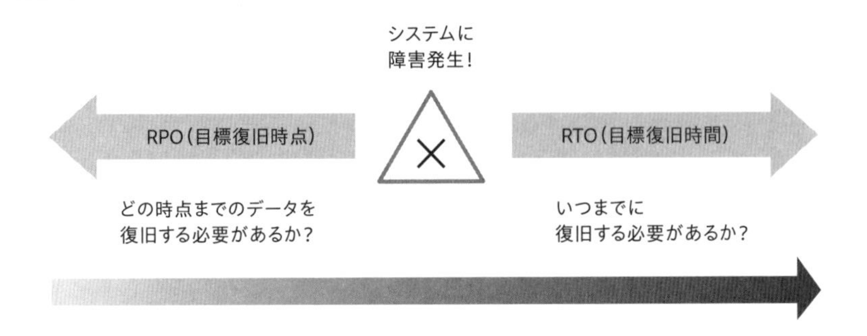

RTOはシステムに障害が発生してから、復旧するまでの時間を指します。つまり、システムに何らかのトラブルが発生したとき、許容できる停止時間の長さだといえます。

一方のRPOはシステムがダウンしたときに、どの時点のデータまで戻って復旧するかを決める値です。これは、失われても許容できるデータの最大量だといえます。

それぞれについて、どのように設定すればよいのかを解説します。

RTO（目標復旧時間）の決め方

RTOを決めるときは、障害が発生したシステムの復旧を待つだけでなく、代替手段を使って業務を継続できるか、ということも考えます。

たとえば、勤怠管理システムが停止すると出勤、退勤などの情報を入力できなくなります。しかし、1日程度の停止であれば、手書きでメモしておくだけで十分なことも多いでしょう。

一方で、ECサイトでは1日停止すると、その間の売上が失われます。翌日に購入してもらえればいいのですが、すべての利用者が翌日以降に購入してくれるとは限りません。

つまり、社内で使用する勤怠管理システムのRTOは比較的長く、社外の人が使用するECサイトのRTOは非常に短くなります。一般に、RTOを設定するときは、表1-3 の点を考慮します。

表1-3 RTOを設定するときに考慮する点

考慮する点	概要
ビジネスへの影響	停止している時間がビジネスに与える影響。売上や顧客満足度、ブランドイメージなどが挙げられる
復旧能力	システムやデータを迅速に復旧するために用意できる能力。技術者の人数や保有するスキルなどが挙げられる
コスト	復旧するために必要なコスト。短いRTOを設定すると、それだけ準備が必要となり、コストが上昇する傾向がある

RPO（目標復旧時点）の決め方

RPOは、データをバックアップする頻度と密接な関係があります。RPOが1カ月だとして、最後にバックアップを取得したのがちょうど1カ月前だとします。そのシステムにいま障害が発生すると、過去1カ月間のバックアップが取得されていないため、この間のデータが失われます。つまり、最大で1カ月分のデータがなくなってしまいます。

RPOが1時間であれば、1時間ごとにバックアップを取得します。この場合は、最大で1時間のデータが失われる可能性があることになります。

一般に、RPOを設定するときは、前述のRTOで考慮する点に加えて、「データの生成や更新の頻度」を考慮します。ECサイトのように頻繁に更新されるデータであれば、RPOを短くしなければなりません。

RTOとRPOのバランスを考える

RTOとRPOは密接に関連しているため、そのバランスを考える必要があります。たとえば、短いRTOを設定したものは迅速な復旧が求められるデータであることから、RPOも短く設定されることが多いでしょう。逆に、長いRTOを設定したものは比較的影響が少ないことから、RPOも長く設定されることが多いものです。

RTOやRPOを短くするということは、それだけ頻繁にバックアップの取得が必要であり、保存するための容量も多くなります。コンピュータの性能も一定以上の水準が求められるので、その分のコストもかかります。このため、データの内容を考慮して設定しなければなりません。

たとえば、金融機関のような顧客のお金を預かるような業務では、RTOやRPOを1分といった短い時間に設定することがあります。基本的には複数のシステムを同時稼働させておき、何らかの障害が発生したときにはすぐにバックアップ側のシステムに切り替えて復旧するという方法が採用されます。

一般的な企業では、RTOが1時間、RPOが15分といったレベルでも運用するのはなかなか大変です。現実的にはRTOは数時間、RPOは1時間程度で十分な業務も多いでしょう。

このように、事前に設定したRTOやRPOの値をもとにしてバックアップ計画を策定し、バックアップ方法と頻度を決めていきます。

なお、RTOとRPO以外に**RLO（目標復旧レベル；Recovery Level Objective）**という指標を設定することもあります。これは、どのレベルまで復旧を目指すのかを表す指標で、完全に元に戻す場合は100%となります。

ここで、復旧するまでをいくつかの段階に分けて、少しずつ使えるようにする方法が考えられます。たとえば、表1-4、表1-5のような段階に分ける方法などがあります。

表1-4 目標復旧レベルの例1

段階	RLO
第1段階	50%の利用者が最低限の業務を使える状態にする
第2段階	100%の利用者がすべての業務を使える状態にする

表1-5 目標復旧レベルの例2

段階	RLO
第1段階	社内からのみアクセスできる状態にする
第2段階	社外からもアクセスできる状態にする

COLUMN バックアップの略語

文書などでバックアップを表現するとき、カタカナで「バックアップ」と書くのは長いため、英語を使って省略することがあります。このときによく使われる表現として「B/U」や「bu」「bk」「bak」などがあります。

「B/U」と「bu」は英語の「Back Up」の先頭の文字を取ったものです。コンピュータ関係の文書では「B/U」という表記が多く使われる印象があります。

一方、ファイルの拡張子やファイル名、フォルダ名に使われるときは「bk」や「bak」が使われることが多いものです。

その他、コピーするときにはコピー元を「org（origin）」、コピー先を「dst（destination）」のように略すこともあります。また、古いファイルを残しておくときは「old」という名前を付けることもあります。

どれがよい、と決まっているわけではありませんが、省略して表記されているときは読み取れるようにしておきましょう。

1-2 何に備えるのか

役立つのはこんなとき

- バックアップが必要になる状況を知りたい
- 脅威に対してバックアップで備えたい

リスク対応の考え方

リスク対応における4つのタイプ

前節ではリスクアセスメントを3つのステップに分けて解説しました。これをもとにしたリスク対応を考えます。一般にリスク対応は、**リスク回避**、**リスク低減**、**リスク移転**、**リスク保有**の4つに分けられます。

いずれの対応を選ぶのかは、「リスクの影響度」と「リスクの発生可能性」という2つの軸で考えて、図1-6のように分類できます。

図1-6 リスク対応の4タイプ

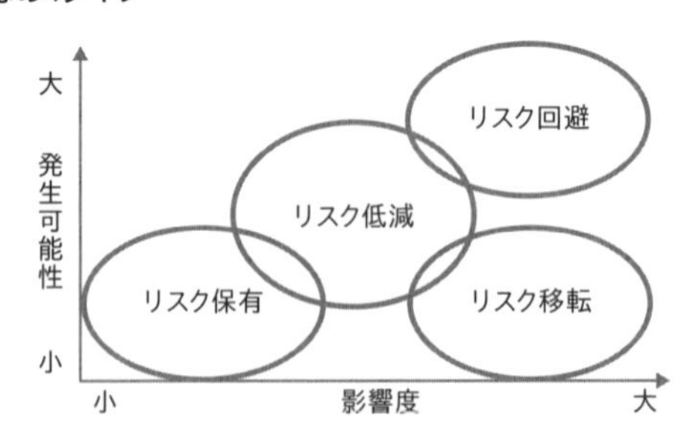

リスク回避

影響度が大きく、発生可能性も大きい場合に、リスクの原因を除去するなどにより、リスクそのものをなくすことです。故障率の高いハードディスクを使用しているのであれば、それを使わない、といった対応が考えられます。

リスク低減

対策を実施することにより、リスクの発生確率や被害を小さくすることです。本書で解説する内容の多くは、このリスク低減に該当します。

リスク移転

影響度は大きいものの、発生可能性が小さい場合に、他社に依頼したり、代替手段を採用したりすることです。アウトソーシングなど外部の事業者への委託や、保険に加入することなどが考えられます。

リスク保有

リスクが許容範囲である場合に対策を実施しないことや、被害を受け入れることです。影響がそれほど大きくない場合や、ほとんど発生しない場合は、コストを考えて対策を実施しないことがあります。

リスクと代表的な脅威

バックアップの目的は、データの紛失や破損などからビジネスを守り、迅速に復旧できるようにすることです。このとき、影響度を小さくすることはできないため、発生可能性を減らすことを考えます。発生可能性を減らすには、どのような脅威があるのかを考慮し、その脅威への対策を講じる必要があります。

脅威は大きく分けて**人的脅威、物理的脅威、技術的脅威**の3つがあります。データの紛失や破損などのリスクに対する代表的な脅威として、**表1-6** のような内容が挙げられます。

表1-6 脅威の種類

脅威の種類	代表的な内容
人的脅威	利用者の誤操作、法的な要件
物理的脅威	システム障害、自然災害
技術的脅威	ランサムウェアなどの攻撃、データベースの破損

これらについてどのような対応が考えられるのか、事例を挙げながら詳しく解説します。

人的脅威への対策を考える

利用者の誤操作などに備える

データが失われる例として、ファイルの削除や上書きなどの利用者による誤操作があります。どれだけ気を付けていても、マウスやキーボードの誤操作によって、データが失われることはあるでしょう。保存しておいたメディアを紛失する可能性もあります。こういった、人為的な事案からデータが失われることを防ぐためのバックアップについて考えます。

ゴミ箱機能を活用する

多くのOS（オペレーティングシステム）が「ゴミ箱」の機能を備えています。この機能があると、利用者が削除の操作をして、ファイルが消えたように見えても、データはコンピュータのゴミ箱フォルダに移動しただけで、ファイルそのものは残っています。

「ゴミ箱」のおかげで、誤って削除してしまっても、ファイルやデータを元に戻せます。意識せずに削除してしまっている可能性もあるため、定期的にゴミ箱をチェックして、必要なファイルが誤って削除されていないか確認するのは有効です。このようなゴミ箱機能はOSが備えているものだけでなく、メールや写真管理などのアプリケーションでも同じです。

コンピュータから完全に削除するには、「ゴミ箱を空にする」といった操作が必要になります[1]。

ファイル履歴の機能を使う

ゴミ箱機能を使えば、ファイルを削除したときは元に戻すことができますが、ファイルの上書きには対応できません。誤ってファイルを上書きしてしまうと、元のファイルの中身は失われてしまいます。

このため、Windowsなど一部のOSでは、「ファイル履歴」の機能を備えています（図1-7）。詳しくは第4章で解説しますが、こういった機能を有効にしていると、指定したファイルの変更履歴を保存できます。

図1-7 ファイル履歴

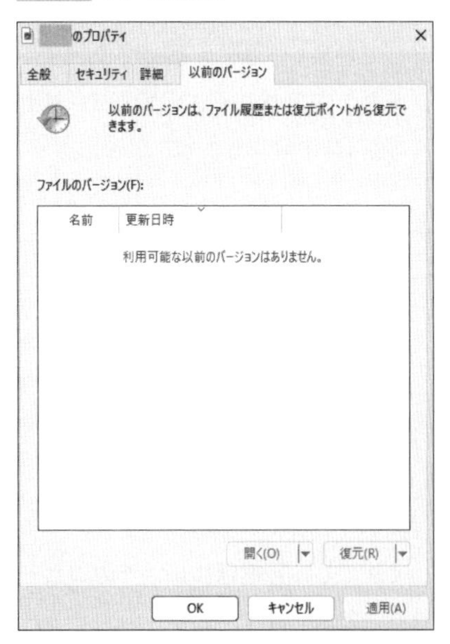

1 ゴミ箱から削除すると、専門の業者や専用の復旧ソフトによって元に戻せることはあるが、一般的な利用では元に戻せなくなる。

更新するたびに、そのファイルの履歴が個別に保存されるため、戻したい時点のファイル内容に戻せます。なお、バックアップの頻度や保存期間などの設定は自由に変更できます。

ファイル履歴は標準では無効になっており、有効にするには外部ストレージやネットワーク上のファイルサーバー、オンラインストレージなどの使用が必要です。

バージョン管理システムを導入する

ファイル履歴はバックアップを手軽に取得できますが、フォルダ内の複数のファイルを任意のタイミングでまとめて取得することはできません。このため、あるタイミングでのフォルダの状態に戻したいとき、それぞれのファイルの変更履歴を探す必要があって面倒です。

これを解決するために、GitやSubversionのような**バージョン管理システム**を導入する方法があります。バージョン管理システムは、ファイルの変更した部分を比較し、好きなタイミングで履歴として登録できます。誤ってファイルを削除したり上書きしたりした場合でも、過去の任意のタイミングのバージョンに戻すことができます。こちらも詳しくは第4章で解説します。

記録媒体の紛失や持ち出しに備える

誤操作以外でデータが失われる例として、記録媒体の紛失があります。データを保存していたUSBメモリを紛失した、CDやDVDがどこにあるかわからなくなった、という事案です。こういった可搬媒体を使用しない、というのは1つの選択肢ですが、実際には難しいかもしれません。

これに備えるためには、複数の場所に保存することが求められます。あくまでも内部ストレージをメインの保存先として使用し、可搬媒体にはそのコピーを格納するようにすれば、データが失われることは防げます。

ただし、可搬媒体を紛失した場合、そこに記録されている内容によっては情報漏洩になってしまうため、管理は徹底しなければなりません。持ち出しを管理するために、台帳などを作成し、持ち出すときや返却したときに記録する方法がよく使われます（図1-8）。

図1-8 持ち出し管理台帳の例

持ち出し日時	氏名	訪問先名	内容	持ち出し理由	返却日時	管理者確認	備考
2025-01-05	山田太郎	株式会社○○	ノートパソコン	プレゼンテーション	2025-01-05	鈴木花子	
2025-01-06	佐藤二郎	株式会社××	USBメモリ	資料印刷	2025-01-06	鈴木花子	

ただし、従業員が意図的にデータを持ち出そうとしたら、この方法では防げません。たとえば業務内容や待遇などに不満があり、会社に損害を与える目的でデータを持ち出してしまう例が実際に起きています。一般に**内部不正**と呼ばれるものです。外部の組織にデータを売却して金銭を得ようとするケースもあり、退職時の持ち出しもしばしば耳にします。特に、権限がある従業員による悪意を持った行動を防ぐのは難しいものです。

このような内部不正によってデータが失われることを防ぐためには、バックアップを担当者以外が取得することも考えられます。担当者にデータの管理を任せるのではなく、情報システム部門などが一括して管理することで、データが削除されても元に戻せる体制を築きます。

物理的脅威への対策を考える

システムの不具合や自然災害に備える

可用性の確保が肝心

ファイルの上書きや削除などに備えるだけであれば、コンピュータの中で別のフォルダにコピーしておけば十分かもしれません。履歴が必要であっても、フォルダ名に日付を入れたフォルダを作成してコピーしておけば、指定した日付時点でのデータを取り出せます。

しかし、形あるものはいつか必ず壊れます。もちろんコンピュータでも同じで、内部ストレージに故障が発生することは避けられません。また、地震や水害などの自然災害、火事などの非常事態による故障は、企業にとって大きなリスクです。これらに備えるためには、**可用性**を確保するための対策が必要です。この「可用性」は「システムがいつでも利用できる」という性質を表します。

人間が誤った操作をしなくてもデータが失われてしまう例として、システムの不具合があります。OSやアプリケーションの不具合の他、ハードディスクなどのハードウェアの不具合でも、データが正しく保存されない可能性があります。

システムは常に正しく動作しているとは限らず、何らかの不具合が見つかる可能性があります。普段は問題なく動作していたとしても、Windows Updateやウイルス対策ソフトの更新などによって新たな不具合が発生し、データが失われてしまうかもしれません。

これに備えるためには、データを内部ストレージに保存するだけでなく、外部ストレージやオンラインストレージなど、複数の場所に保存することが求められます。

Windows Updateなどを実行する前に、検証用のコンピュータで更新後の動作を確認する方法もあります。自社のコンピュータに更新プログラムなどを適用する前に、動作確認を義務付けている企業も増えています。

冗長化する

複数の場所にデータを保存するのは、データのバックアップとしては有効な手段ですが、コンピュータなどに故障が発生すると業務を再開するときには新しいコンピュータを用意して、データをコピーして戻す必要があります。これには少し時間がかかるため、可用性が低くなってしまいます。そこで、停止時間を短くすることを考えます。

高い可用性を実現するための構成として、**HA(高可用性;High Availability)**という言葉が使われます。HAは、一般に**稼働系**と**待機系**という複数のコンピュータを用意して構成されます。平常時は稼働系のコンピュータで処理し、何らかの障害が発生した場合に待機系のコンピュータに切り替えます。これを**フェールオーバー**といい、処理を引き継ぐことでシステム全体への影響を最小限に留めます。

このとき、待機系のコンピュータの状態によって、**ホットスタンバイ**、**ウォームスタンバイ**、**コールドスタンバイ**に分けられます(表1-7)。

表1-7 待機系の分類

方式	待機系の動作の概要	復旧時間	コスト
ホットスタンバイ	常時データをコピーして稼働しておき、稼働系が停止した場合はすぐに引き継ぐ	短	高
ウォームスタンバイ	非稼働状態で用意しておき、稼働系が停止した場合は再設定やデータのコピー後に引き継ぐ	中	中
コールドスタンバイ	最低限の環境だけ用意しておき、稼働系が停止した場合に追加で機器を設置し、再設定やデータのコピー後に引き継ぐ	長	低

データの保存という一面だけを考えると、「複数のハードディスクをコンピュ

ータに接続して、同じ内容を同時に記録する」という方法はホットスタンバイだと考えられます。このように、性能や構成、データの内容などが同じものを準備しておくことを**冗長化**といいます。記憶装置を冗長化する方法として、第3章で解説するRAIDなどの方法があります。

また、データのコピーを複数の場所に同期させる技術として第3章で解説する**レプリケーション**があります。「複製」を意味する「レプリカ」という言葉がありますが、それに近いイメージです。具体的には、データに変更が発生したとき、他の場所にも同期する手法を指します。リアルタイムに同期する手法を同期レプリケーション、一定の間隔で同期する手法を非同期レプリケーションといいます。

同期レプリケーションでは、データの一貫性と整合性が確保されますが、高速なネットワークと高性能なストレージが必要なため、導入コストが高くなります。非同期レプリケーションでは、ネットワーク負荷を軽減してコストを抑えつつ同期できます。ただし、同期レプリケーションに比べてデータの整合性が保証されず、データの遅延が発生する可能性があります。

複数のデータセンターやオンラインストレージを活用する

外部ストレージにコピーしたり、RAIDなどの技術を使って冗長化したりすることで、内部ストレージが壊れてもデータが失われることは防げます。しかし、地震や水害などの災害や、火災などの非常事態が発生すると、そのコンピュータが置かれている建物が被害を受けます。建物内にある外部ストレージやRAIDが駄目になってしまうと、バックアップも含めて失うことになります。

このリスクを減らすために、データセンターを活用する方法があります。一般的なデータセンターは地震などの災害に強い建物を使用しており、停電に備えて自家発電装置が完備されています。

ただし、1カ所のデータセンターでは、障害が発生したときの復旧に不安が残ります。このため、遠隔地にデータを保存しておくことが求められます。たとえば「東京と大阪」、「北海道と沖縄」のように、離れた場所にデータを分散して保管しておくと、両方が同時に影響を受ける可能性を小さくできます。そのためには、複数のデータセンターと契約します。

さらにデータの冗長性を確保するために、クラウドを使ったバックアップを使う方法があります。クラウド事業者は、複数の場所にデータセンターを用意して冗長化していることが多く、自然災害に対しても高いレベルでデータを保護できます。災害対策として便利ではあるものの、従量課金のため、長い期間にわたって大容量のデータを保管するとコストがかかりますし、安価なサービスでは性能が低いなどの課題があることも理解して検討しましょう。

事業継続や災害復旧の計画を立てる

地震や水害などの災害や、火災などの非常事態が発生したとき、組織として業務を中断させず続けるために事前に定めておく計画を**BCP（Business Continuity Plan；事業継続計画）**といいます。中断させないことだけでなく、中断が発生する可能性を考慮し、中断時間を最小限に抑え、迅速に復旧するための手順や対策も含まれます。

具体的には、非常事態が発生したときに取るべき手順や役割分担を検討しておきます。たとえば、表1-8 のような項目が含まれます。

表1-8 BCPに含まれる内容

項目	内容
非常時の連絡体制	連絡先一覧、連絡手段の確保
非常時の対応手順	初期対応、被害状況の確認、応急措置、復旧手順などの整備
資源の確保	予備の設備、作業環境、バックアップデータなど
訓練と教育	従業員に対する訓練、教育の実施

BCPは策定するだけでなく、実際に機能することが重要です。このため、従業員が計画に沿って行動できるか、定期的に訓練や演習を実施するとともに、計画の実効性を検証するためにシミュレーションをすることもあります。

また、一度策定したら終わりではなく、定期的な見直しと更新を実施します。

業務内容や体制、世の中の変化に応じてリスクも変わるためです。

なお、システム障害や自然災害が発生した場合の復旧手順を定めたものとして、**DRP（Disaster Recovery Plan；災害復旧計画）**があります。一般に、DRPはBCPの一部であると考えられています。

たとえば、レプリケーションは災害復旧にも広く利用されています。複数のデータセンターと契約している企業では、データをリアルタイムで転送しておくことで、一方のデータセンターが障害を起こしても、他方のデータセンターから迅速に復旧できます。

なお、大量のデータをネットワーク経由で転送する場合、高速なネットワーク環境が必要です。バックアップを定期的に取得するような場合、その転送にかかる時間を考えると、ネットワーク経由で転送するよりもテープ装置に記録し、新幹線などで運ぶ方が速いかもしれません。テープを輸送する人員や、テープを保管するコストが発生しますが、選択肢の1つとして検討してもよいでしょう。

技術的脅威への対策を考える

ランサムウェアなどの攻撃に備える

データが失われる原因として、コンピュータウイルス（マルウェア）もあります。コンピュータウイルスによって勝手にファイルが書き換えられると、重要なデータが失われてしまいます。ランサムウェアのようにデータを人質にして身代金を要求されることもあります。

ウイルス対策ソフトを導入する

コンピュータウイルスによる被害を防ぐためには、ウイルスプログラムを実行しないことが必要です。しかし、メールに添付されてきたものを誤って開いてしまう、Webサイトの閲覧中に誤ってクリックしてしまうなどの理由で、無意識のうちに開いてしまうことがあります。また、ソフトウェアの脆弱性などによって、外部から実行できる可能性もあります。

このため、ウイルス対策ソフトの導入は必須です。WindowsであればMicrosoftのWindows Defenderの他、さまざまな会社がウイルス対策ソフトを提供しています。

一般的なウイルス対策ソフトは**EPP（Endpoint Protection Platform）**と呼ばれ、ウイルスへの感染を防止することに特化しています。メールに添付されたウイルスなど、組織内に侵入したものを自動で検知・駆除する機能や、ウイルスを実行させない機能を実現しています。

企業によっては、**EDR（Endpoint Detection and Response）**と呼ばれるソフトウェアを導入していることもあるでしょう。これはマルウェアに感染してしまった後の対応を支援する製品です。感染しても、攻撃が始まる前に検知し、原因となっているファイルを除去したり、侵入経路を特定したりするための機能を実現しています。

これらのいずれかもしくは両方を導入し、常に最新の状態に保つことが求められます。それに加え、定期的にすべてのファイルのスキャンを実行するなど、感染の兆候がないかを確認することも重要です。

セキュリティパッチを適用する

OSを始めとして、コンピュータに導入されているソフトウェアからは、次から次へと**脆弱性**（セキュリティ上の不具合）が発見されています。一般的なシステムトラブルと違い、脆弱性は一般の利用者は気付きません。攻撃者はこれを悪用し、さまざまな操作をしようとします。

ソフトウェアは人間が開発しているため、脆弱性をゼロにすることは困難です。脆弱性が見つかった場合には、そのソフトウェアのメーカーから、セキュリティパッチと呼ばれる修正プログラム（更新プログラム）が提供されます。WindowsであればWindows Updateがありますし、その他のソフトウェアでも最近は自動的に更新できる仕組みを備えたものが増えています。

手動での適用が必要な場合には、定期的に情報を収集し、最新のセキュリティパッチをダウンロードすることで、常に最新の状態を維持することが重要です。これにより、ランサムウェアなどの攻撃からシステムを保護できる可能性が高まります。

ランサムウェアに感染してしまったら

ランサムウェアに感染してしまうと、コンピュータに保存していたデータが勝手に暗号化されてしまいます。そして、元に戻すために身代金を払うことを要求されます。「機密情報を公開する」などといって脅迫し、公開しない代わりの代金を要求してくることもあります。

ただし、身代金を支払ったとしても、データが元に戻る保証はありません。機密情報が公開されなくなるとも限りません。反社会的な組織に対して資金を提供することになるため、身代金を支払うことがあってはなりません。

このようなランサムウェアに感染したとき、データを元に戻すにはバックアップの存在が不可欠です。ただし、外部ストレージにバックアップを保存していたとしても、感染しているコンピュータに接続するとバックアップまで暗号化されてしまう危険性があります。復旧するときも、ランサムウェアに感染していないコンピュータであることを確認してから始める必要があります。これはネットワーク上のファイルサーバーやクラウドストレージも同様で、普段から接続していると、そのファイルサーバー上のデータも暗号化されてしまう可能性があります。

このため、バックアップデータの1つはオフライン（コンピュータやネットワークに接続されていない状態）で保存しておくことが求められます。

データベースの破損に備える

ここまではファイルのバックアップについて解説してきましたが、データベースは単純にファイル単位でバックアップする方法は採用できません。また、利用者の手元にあるコンピュータに保存されているだけでなく、サーバー上のデータベースに保存されていることがあります。

データベースは多くの企業で重要な情報を保持しており、破損すると業務の停止を引き起こす可能性があります。ここではデータベースの破損に備えるための対策について解説します。

トランザクションログのバックアップ

一連の更新処理をデータベースで実行するとき、その一部が成功して一部が失敗すると、データの不整合が発生します。たとえば、ECサイトでAさんが商品B、C、Dを購入したとき、次のような処理が必要です。

- 顧客テーブルにAさんの情報を登録する
- 注文テーブルに発送先として顧客Aを設定して登録する
- 注文明細テーブルに商品Bの情報を登録する
- 注文明細テーブルに商品Cの情報を登録する
- 注文明細テーブルに商品Dの情報を登録する

このすべてを登録しなければならず、一部だけが登録されると問題になります。そのため、一連の処理を**トランザクション**という単位で確定します（図1-9）。もし一部の登録に失敗したら、全体を取り消します。

図1-9 トランザクション

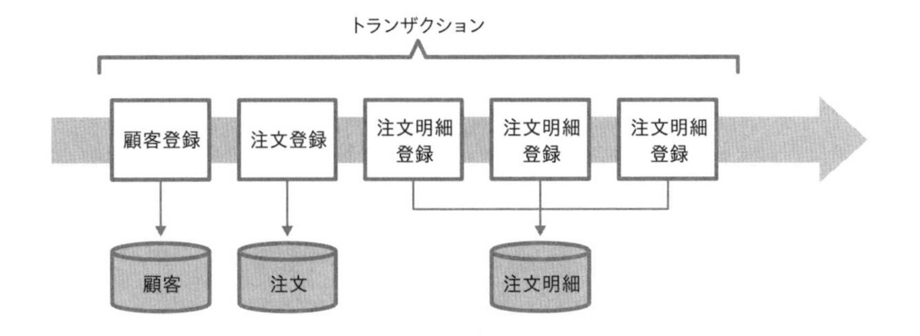

一部のデータベース製品では、バックアップの最中は一時的にテーブル上のデータを書き換えずに、トランザクションをログファイルに集積し、バックア

ップ作業の終了後に反映するような機能を備えています。これにより、無停止のバックアップも可能になり、業務への影響を最小限に抑えられます。

なお、データベースの障害などに備える意味でも、**トランザクションログ**というログを保存しておくことが重要です。トランザクションログを定期的にバックアップしておくと、データベースが破損した場合でも、直前の状態に戻せるためです。このため、トランザクションログのバックアップは、データベースの変更が行われるたびに実行されるのが望ましいです。

法的な要件に対応する

データのバックアップは、何をどのように保存するかを自組織だけで決められるものばかりではありません。法律やガイドラインによって、保存期間や保存方法などの要件が定められているものがあるため、それに従う必要があります。

データ保存期間を遵守する

会社法では、株主総会や取締役会、監査役会の議事録などに対し、10年間の保存期間が定められています。また、法人税法などの法律により、領収書などの会計書類は7年間の保管が義務付けられています。

これらは紙の文書での保存期間ですが、最近では電子データとして保存することも増えてきました。たとえば、帳簿関係では電子帳簿保存法によって領収書をスキャンして保存することが認められましたが、この場合も7年間の保管が求められています。

電子帳簿保存法では、バックアップデータの保存は要件とはなっていないため、法律上はバックアップの取得は必須ではありませんが、何らかのトラブルによってデータが失われることに備えて、バックアップデータも7年以上保存しておく方がよいでしょう。

データのプライバシーを考慮する

データの保存については、個人情報保護の観点も関係してきます。組織が管理する情報に顧客の個人情報が含まれるような場合、日本では個人情報保護法などの法律やガイドラインが定められています。EU域内での活動にあたっては**GDPR（General Data Protection Regulation：一般データ保護規則）**があります。

このような法律やガイドラインでは、個人に関するデータやプライバシーを保護するために、個人情報の適切な管理を求めています。このとき、ファイルサーバーやデータベースのようなサーバーで管理するものだけでなく、個人のパソコンに保存されているデータも対象です。そして、バックアップとして作成したデータも含まれます。

なお、情報が外部に流出するような場合だけでなく、情報を記録したUSBメモリの紛失のような**滅失**や、暗号化したパスワードを忘れたことにより復旧できなくなるような**毀損**も、個人情報保護法では「漏洩」に該当する可能性があると定められています。

また、一定期間が経過した後にデータを消去することが求められる場合があります。たとえば、個人情報保護法では、個人情報取扱事業者が個人データを利用する必要がなくなったときは、その個人データを遅滞なく消去するよう努めることを求めています。

個人情報保護法 第22条
個人情報取扱事業者は、利用目的の達成に必要な範囲内において、個人データを正確かつ最新の内容に保つとともに、利用する必要がなくなったときは、当該個人データを遅滞なく消去するよう努めなければならない。

データの破棄には、物理的な破壊やデータの上書きなどの手法が用いられます。不要なデータが残らないようにすることは、情報漏洩のリスクを減らすことにつながるといえます。

1-3 いつ、どこに保存するのか

役立つのはこんなとき

- バックアップの効果的な考え方を知りたい
- バックアップを適切な頻度で取得したい
- バックアップを適切な場所に保存したい

バックアップとして、どのようなデータを何のために取得するのかがわかったところで、具体的にどのようなタイミングでどこに保存すればよいのかを見ていきます。

バックアップに効果的な「3-2-1ルール」

バックアップを取得するときに広く推奨されている考え方として**3-2-1ルール**があります。これは、データの「3つのコピー」を「2種類のメディア」に保存し、そのうち「1つは離れた場所」に保存するというものです。自社のバックアップに不安がある場合は、まずはこのルールを満たしているかを考えるようにしてください。

「3つのコピー」を作成する

まずはデータのコピーを3つ作成します。元のデータを含めて3つとするのが一般的ですが、本書では「元のデータを含めずに」3つのコピーを作成することを推奨します。

この理由はコピーを作成するタイミングです。データを誤って書き換えたとき、バックアップのコピーデータも同じデータで上書きされてしまいます。このため、タイミングを少しずらしてコピーしておくのです。

2つのコピーはリアルタイムに、もう1つはタイミングをずらしてコピーしておくことで、データが失われるリスクを減らせます。

コピーに対する基本的な考え方として、バックアップを1つではなく複数作成しておくことで、自然災害や人的ミスによってデータを消失するリスクを減らすことができます。たとえば、バックアップが1つしかないと、そのデータが失われるとバックアップの意味がなくなります。バックアップから戻そうとしたときに誤操作によってバックアップそのものが失われる可能性もありますし、2つ同時に障害が発生する可能性もあるでしょう。しかし、3つ同時に失われる確率は限りなく低いものです。

このような考え方を**多重バックアップ**といいます。なお、この「3つ」というのは最低限の値であり、可能であれば4つでも5つでも構いません。

単純なコピーではなく、3つの履歴を保持するという考え方もあります。最新のバージョンと1つ前のバージョン、2つ前のバージョンがあれば、誤削除や上書きによってデータが失われても、すぐにバックアップから取り戻せます。

「2種類のメディア」に保存する

次に、作成したデータのコピーは2種類の異なるメディアに保存します。2種類というのは、1台のハードディスクやSSDにすべてを保存しないということです。一般的なパソコンはハードディスクやSSDのような内部ストレージが1つあれば動作し、そこにOSやアプリ、利用者の作成したデータなどが格納されています。

誤操作や上書きなどによってデータが失われただけであれば、同じ内部ストレージに格納されていても元に戻せます。しかし、その内部ストレージが故障すると、そこに保存されているデータはすべて失われてしまいます。

このため、内部ストレージにデータを保存しているのであれば、バックアップは外付けのハードディスクやUSBメモリといった外部ストレージに保存します。これにより、一方のストレージが故障しても、もう一方のストレージからデータを戻せます。

「1つは離れた場所」に保存する

作成したコピーの1つは離れた場所に保存します。これは、地震や水害などの自然災害や火事などの非常事態、盗難などからデータを守るためです。1-2節で解説したように、遠隔地にあるデータセンターと契約する方法もありますし、クラウド事業者が提供するオンラインストレージを使う方法もあります。

自然災害の観点からは、バックアップの保存場所は離れている方がよいと考えられます。しかし、距離が長くなると、一般的にはそれだけ転送に時間がかかります。バックアップから戻そうと思ったときに、通信に時間がかかりすぎて使えないのでは意味がありません。

このため、回線の速度や運搬の可否なども含めて検討する必要があります。たとえば、1TBのデータを転送しようとすると、100Mbpsの回線では理論上でも約23時間かかります 。実際にはもっと長い時間がかかることが想定されるため、これを使って復旧するのは現実的でないかもしれません。しかし、テープ装置にバックアップを取得して保管しておけば、東京と大阪のような距離であれば、新幹線や飛行機を使って数時間で移動できます。

また、クラウド上に保管しているデータをネットワーク経由でやり取りする場合には、サーバー側で費用がかかる場合もあります。たとえば、AWS（Amazon Web Services）では、アップロードには費用はかかりませんが、ダウンロードにはその通信量に応じて費用がかかります。

レジューム機能（通信中に回線が途切れたときの再開機能）を備えているかどうかも考慮します。大容量のファイルを転送している途中で回線が途切れた場合、再接続したときに初めから再転送をしたのでは非常に時間がかかります。しかし、レジューム機能があれば、途中から再転送できるため、余分な時間をかけずに転送できます。

バックアップのスケジュールの種類と決め方

データの優先順位を決めた後に、RTOやRPOを定めました。これにもとづいてバックアップのスケジュールを決めます。このとき、一般的に使われるスケジュール方法として、リアルタイムのバックアップと、日次、週次、月次のバックアップがあります。

リアルタイムバックアップ

ファイルの作成や変更、削除のようにデータの変更が発生するたびにバックアップする手法です。オンラインストレージでは一般的な方法で、インターネットに接続していれば、ほぼリアルタイムにクラウド上のサービスと同期できます。このため、ハードディスクなどが故障しても、作業をしていた最後の状況を復旧できる可能性があります。

これは便利な反面、誤って作成したファイルや上書きしたファイルも自動的に同期されることを意味します。このため、最新の内容を同期するだけでなく、更新履歴もあわせて保存しておく仕組みがあると安心です。

データベースの場合には、更新するときにトランザクションログを出力し、これを同期するなどの方法によって、常に最新のデータを確保できるように設計されることがあります。詳しくは第5章で解説します。

定期的なバックアップを取得する

バージョン管理システムを用いるとファイルの履歴を細かく管理できますが、初心者にはハードルが高いものです。このため、手軽な方法として定期的なバックアップを取得する方法が考えられます。

USBメモリや外付けハードディスクなどにコピーすることで、誤削除や上書きによるデータ損失を防ぐことができます。バックアップを取得する頻度は、データの重要性や更新頻度に応じて設定します。

手作業で取得することもできますが、コピーを忘れるとその日のバックアップが存在しないことになります。たまたまバックアップを作成しなかった日に何らかのトラブルが発生したら、目も当てられません。このため、日次や週次など、指定したタイミングで自動的に実行するように設定します。

日次バックアップ

夜間や業務終了後に自動的にバックアップを実行することで、業務時間中のパフォーマンスに影響を与えずにデータを保護する手法です。当日に変更されたデータを保存することで、その日に更新された業務データや重要なファイルを保護できます。

週次バックアップ

一般に、日次バックアップの補完として利用されることが多い手法です。毎週末に全体のバックアップを取得し、それ以外の平日にはそのバックアップからの差分だけを保管しておくことで、日次バックアップにかかる時間や容量を節約するために使われます。

月次バックアップ

長期間にわたってデータを保存しておく場合や、アーカイブの目的でバックアップを取得する場合に用いられる手法です。月末に全体のバックアップを取得し、そのデータを長期的に保存しておくような使われ方をします。

MEMO スナップショットをバックアップのように使う

バックアップと似た機能として**スナップショット**があります。スナップショットは、特定の時点のデータの状態をキャプチャする機能で、Windowsであれば「システムの復元」や「ボリュームシャドーコピーサービス」といった機能が用意されています。

詳しくは第2章で解説しますが、Windows Updateなどを実行するタイミングで自動的にスナップショットが取得されており、そのタイミングまで戻すことができます。

スナップショット機能は、ファイルシステムやディスクボリュームの特定の時点の状態を記録し、その状態を後から戻せるようにする機能です。この機能はバックアップと似ていますが、バックアップのようにファイルをコピーしているわけではなく、更新されたブロックのデータだけスナップショット領域にコピーし、それ以外のデータは実際のデータへのポインタ（参照情報）しか保持しません。

このため、自然災害などには備えられませんが、短時間で取得できることから、一時的なバックアップとして使われています。

バックアップに使える時間帯を考慮する

バックアップを取得するときは、システムを停止できる時間帯を意識する必要があります。バックアップを取得している最中にシステムを使っていると、データが書き換えられ、データの整合性を確保できません。

このため、たとえば22時から4時までのような時間帯を利用者が使えないように設定しておき、その間でシステムのメンテナンスやバックアップの取得などを実行することがあります。このように、バックアップに使える時間のことを**バックアップウィンドウ**といいます（図1-10）。

図1-10 バックアップウィンドウ

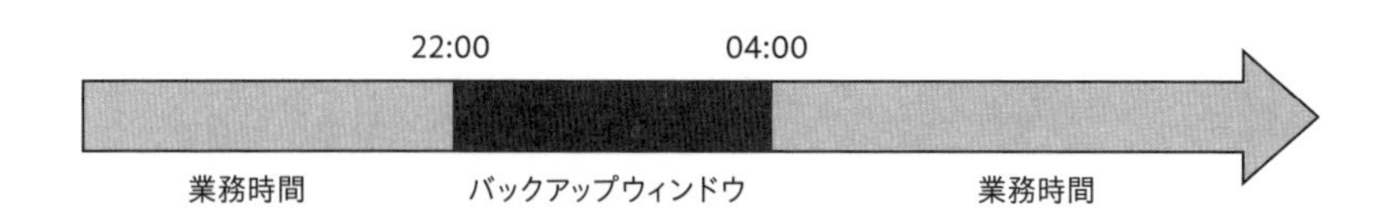

なお、システム稼働中にバックアップを取得することを**オンラインバックアップ**、システムを停止した状態でバックアップを取得することを**オフラインバックアップ**といいます。これらについては第3章で詳しく解説します。

バックアップの保存先の選び方

バックアップの保存先を選ぶときは、その容量やかけられるコストなどによって最適なものを選ばなければなりません。

外部ストレージ（パソコン内のデータのバックアップ）

一般的には、ハードディスクやUSBメモリといった外部ストレージがバックアップに使われます。これらは、手軽でコストも安く、大容量のデータを保存できます。それぞれの特徴を知り、最適な保存先を選ぶ必要があります（表1-9）。

表1-9 各種外部ストレージの特徴

記録装置	特徴	注意点
ハードディスク	高速に回転する磁気ディスクを、磁気ヘッドで読み書きする。容量あたりの単価を考えたときにバランスがよい	衝撃や振動に弱く、物理的な破損や故障のリスクがある
SSD	半導体に電気的な操作で読み書きする。ハードディスクと比べて小型で高速。バックアップにかかる時間を短縮でき、衝撃や振動にも強い	容量あたりの価格が高い。書き込み回数に上限があるため、頻繁な更新には向かない
USBメモリ	小型で持ち運びが容易なため、個人での使用や小規模なデータのバックアップに適している	大容量のデータのバックアップには向かない。物理的な紛失や破損のリスクが比較的高い
CD、DVD、Blu-ray Disc	写真や動画など、基本的に書き換えないデータの保存に適している	ハードディスクやSSDと比較すると容量が小さい。太陽光や傷、湿気などに弱い
テープ装置	ビデオテープやカセットテープのように、磁気テープを用いた記憶装置。容量あたりのコストを考えたときに有利で、大量のデータを長期間保存するのに適しており、アーカイブによく使われている	磁気ヘッドにゴミが付着することがあるため、クリーニングなどで除去する作業が必要

個人でテープ装置を使うことは少ないですが、企業でのバックアップでは**LTO（Linear Tape-Open）**という磁気テープが多く使われています。2021年に発売された「LTO-9」という規格では、1本のテープで18TBのデータを格納でき、400MB/sの速度で読み書きできるなど、大容量かつ高速な保存を実現しています。

一般に、ハードディスクやSSDといったディスクにバックアップする手法は**D2D（Disk to Disk；ディスクバックアップ）**と呼ばれています。一方、テープ装置にバックアップする手法は**D2T（Disk to Tape；テープバックアップ）**といいます。

最近では、ディスクとテープの両方を使って2段階に保存する**D2D2T（Disk to Disk to Tape）**という方式も使われています。これは、データをディスクにバックアップすることに加え、長期保存すべきデータをテープに保管するという方式を指します。

SANとNAS（複数のサーバーのバックアップ）

パソコン内に保存されているデータのバックアップであれば、そのデータを外付けハードディスクなどにコピーすれば済みます。しかし、業務で使うシステムは複数のサーバーで構成されています。

このとき、サーバーとストレージが1対1に対応している状態を**DAS（Direct Attached Storage）**といいます（**図1-11**）。

図1-11 DASのイメージ

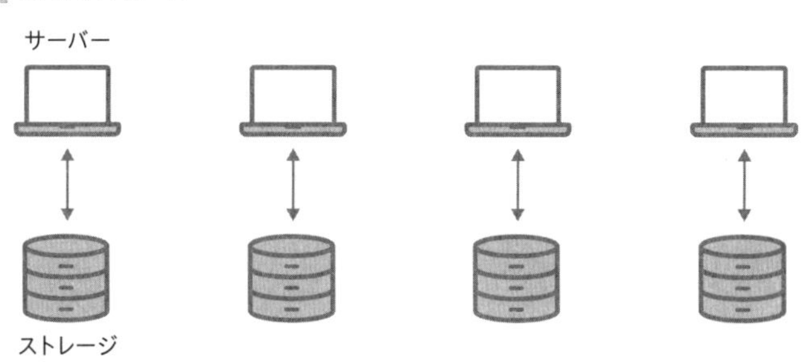

1台だけであれば問題なくても、台数が増えるとバックアップが大変になることは容易に想像できるでしょう。また、それぞれのサーバーでのストレージにはある程度の空き容量が必要なため、無駄が多くなります。

SAN（Storage Area Network）

DASで起こるような状態を避けるため、ストレージを統合した専用のネットワークを構築し、複数のサーバーがそれを使用するという方法が考えられました。これを**SAN（Storage Area Network）**といいます（図1-12）。

図1-12 SANのイメージ

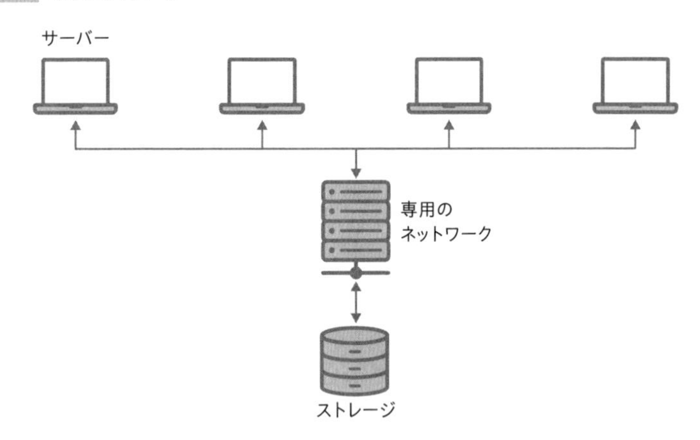

SANを使うと、複数のサーバーが使うストレージを一元管理できるため、データの共有やバックアップを効率よくできます。これを実現するためには、高速にデータ転送をすることに加え、スケーラビリティ（拡張性）が求められます。SANはサーバーなどが存在するネットワークとは別のネットワークとして構成されるので、大規模なシステムに向いています。

NAS（Network Attached Storage）

小規模なシステムや家庭内などでは、SANほど高性能なものは不要なことが多いでしょう。

そこで、同じネットワーク内で手軽にデータを共有する方法として**NAS (Network Attached Storage)** があります（図1-13）。簡単にいえば、ネットワーク上に置いたハードディスクです。

図1-13 NASのイメージ

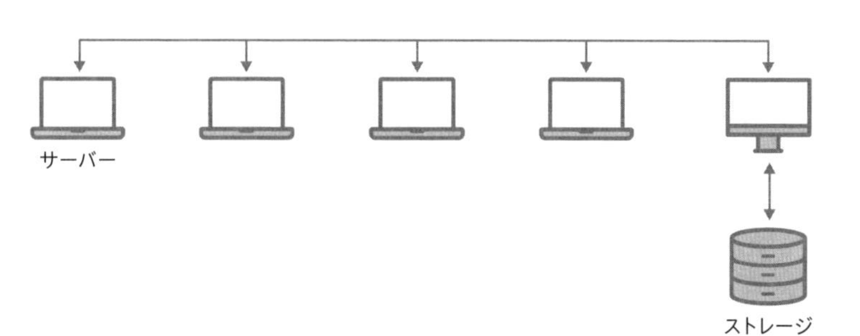

ネットワーク経由で利用できるため、複数のパソコンから同時にアクセス可能です。ファイルサーバーの一種であるため、複数の利用者がデータを共有でき、1台のサーバーを管理するだけで済むため、バックアップなども容易です。

家庭用のNASでは、**DLNAサーバー機能**（メディアサーバー機能）と呼ばれる機能を用意していることがあります。DLNAはDigital Living Network Allianceの略で、画像や映像、音楽などのデータを、パソコンだけでなくスマートフォンやテレビなどで相互に利用できるようにするものです。

NASとして専用の製品を購入する方法もありますが、一般的なパソコンにTrueNASやUnraidといったNAS用のOSを導入し、ハードディスクを接続して構築する方法もあります。第3章で解説するRAID技術を使うことで、複数のハードディスクを用いて冗長性と安全性を高められます。

1-4 どのようにバックアップするのか

役立つのはこんなとき

- スケジュールに合わせたバックアップの手法を知りたい
- バックアップ手法を適切に使い分けたい

バックアップ手法の種類と特徴

　バックアップを取得するとき、週次で全体を、日次で差分を取得するという方法を紹介しました。このバックアップのスケジュールに応じて用いられるものとして、全体バックアップ、差分バックアップ、増分バックアップがあります。

　簡単に書くと、全体バックアップはすべてのデータをバックアップする手法です。差分バックアップは、「最後の全体バックアップ」以降に変更されたデータをバックアップします。そして増分バックアップは、「前回のバックアップ」以降に変更されたデータをバックアップする手法です（表1-10）。

表1-10 バックアップの特徴

	バックアップ時間	元に戻す手間
全体バックアップ	長い	少ない
差分バックアップ	短い	普通
増分バックアップ	短い	多い

　それぞれの手法にはメリットとデメリットがありますので、それぞれの利用

シナリオとあわせて、以下で詳しく解説します。

全体バックアップ（フルバックアップ）

すべてのデータをコピーするバックアップ手法を**全体バックアップ**（フルバックアップ）といいます（図1-14）。これは、単純にコピーするだけなので直感的にわかりやすいでしょう。データの完全なコピーが得られるため、戻すときも簡単で確実な手法だといえます。なお、バックアップしたデータを元に戻すことを**リストア**といいます。

図1-14 全体バックアップ

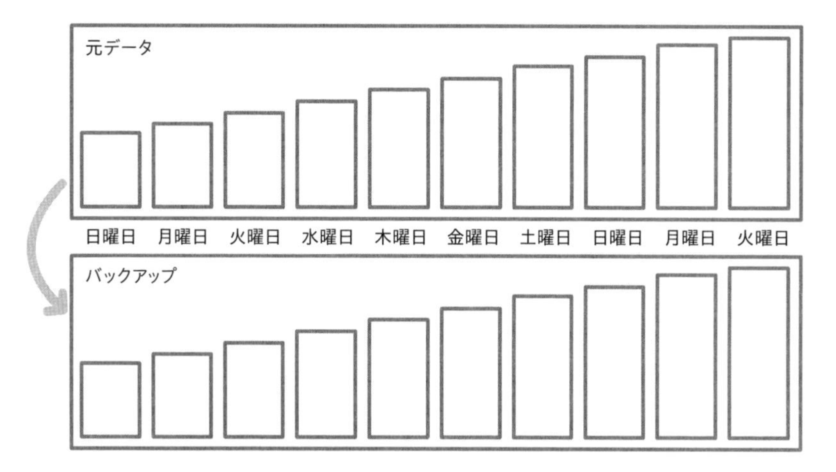

全体バックアップのメリットとデメリット

全体バックアップは、すべてのデータが揃っているため、欠落や不整合が発生することがありません。このため、データの完全性と整合性を確保できます。リストアするときはバックアップするときと逆にコピーするだけなので、手軽に実行できます。

一方で、バックアップに必要なストレージの容量が非常に大きくなることがデメリットとして挙げられます。すべてのデータを毎回コピーするということは、バックアップのために用意した外部ストレージの容量を大量に消費します。それに加え、バックアップの実行には時間がかかるため、システムへの負荷などを考慮すると頻繁に実行することは難しくなります。

上記のようなメリットとデメリットを考慮し、1日に1回の日次バックアップや、1週間に1回の週次バックアップのような定期的なバックアップとして使われることが一般的です。また、重要なシステムの初回バックアップや、プログラムの変更などの保守工程の前後でデータを失うのを防ぐためにも使われます。

全体バックアップの「単位」

全体バックアップには「ファイル単位のバックアップ」と「イメージ単位のバックアップ」があります（図1-15）。イメージ単位のバックアップとは、内部ストレージの内容をそのままバックアップすることを指します。これを**イメージファイル**と呼ぶこともあります。

図1-15 ファイル単位とイメージ単位の違い

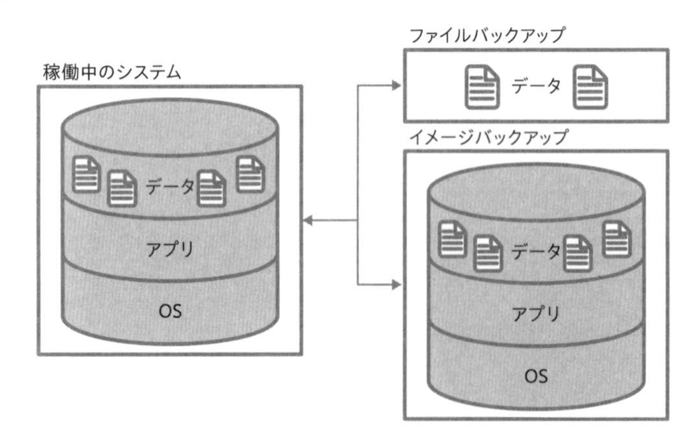

ファイル単位のバックアップでは、ファイルやフォルダ単位でリストアできますが、OSやアプリケーションなどの環境をまるごと戻すことはできないため、

アプリケーションのインストールや設定などは個別に実施する必要があります。
一方、イメージバックアップではディスクごとリストアできるため、アプリケーションの再インストールや再設定などが不要になります。ただし、バックアップ対象となるファイルを個別に選ぶことはできません。また、アプリケーションなども含むため、ファイル単位のバックアップより大容量になることにも注意が必要です。最近では、仮想化環境の利用が増えているため、仮想化した状態でOSをそのままファイルとして保存することで、イメージバックアップと同じように扱うこともできます。

差分バックアップ

全体バックアップ以降に変更されたデータのみをコピーする手法として**差分バックアップ**があります（図1-16）。たとえば、毎週日曜日に全体バックアップを取得し、それ以外の曜日は差分バックアップを取得する場合、日曜日以外は変更点だけをバックアップするため、データ量とバックアップにかかる時間を削減しつつ、データを保護できます。

差分バックアップのメリットとデメリット

この方法では、バックアップの回数が増えるにつれて差分データの量が増加します。比較対象は「直近の全体バックアップ」なので、そのタイミング以降に変更になった内容のすべてが含まれます。このため、全体バックアップからの時間が長くなればなるほどバックアップファイルが大きくなりがちです。
また、リストアの処理手順が全体バックアップより少し複雑になる点もデメリットです。全体バックアップと最新の差分バックアップの両方が必要であり、全体バックアップを戻した後に、最新の差分バックアップを戻さなければなりません。このため、リストアに少し時間がかかります。
差分バックアップは、データが頻繁に変更される環境でよく使われます。前述のとおり、全体バックアップを週に1回実行し、日次で差分バックアップを

図1-16 差分バックアップ

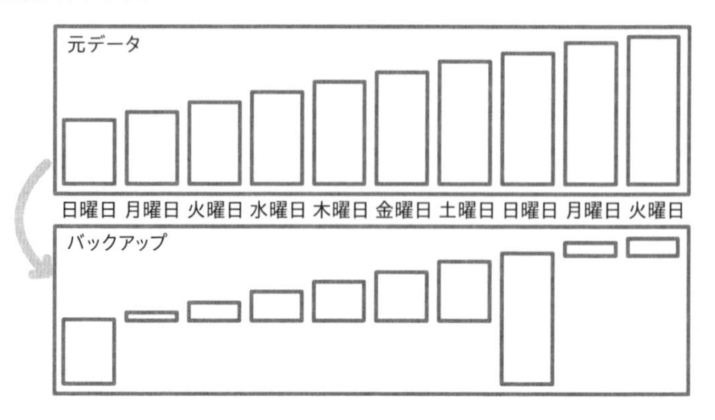

実行するといった方法です。また、データの整合性を確保しつつ、ストレージ容量を節約する手段としても有用といえます。

増分バックアップ

全体バックアップまたは差分バックアップ以降に変更されたデータのみをコピーする手法が**増分バックアップ**です（図1-17）。差分バックアップが全体バックアップ以降の変更をすべて取得するのに対し、増分バックアップでは前回の増分バックアップからの差分を取得するため、さらに効率よくコピーできます。

図1-17 増分バックアップ

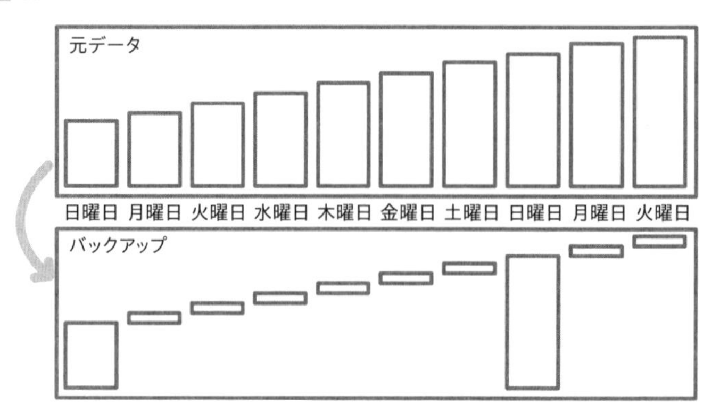

増分バックアップのメリットとデメリット

増分バックアップを使うと、バックアップに必要なデータ量と時間を最小限に抑えられます。前回のバックアップ処理以降の変更分のみをコピーするため、頻繁にデータが変更されるような環境でも、バックアップに必要なストレージの容量と、バックアップにかかる時間を最小限にできます。

一方で、リストアの処理は複雑になります。全体バックアップとすべての増分バックアップを使用してデータをリストアするため手順が複雑で、失敗すると致命的になる可能性があります。どれか1つでも増分バックアップからのリストア手順を間違えると、バックアップの整合性が保てなくなるのです。

増分バックアップは、データが頻繁に変更される環境や、バックアップに取れる時間が限られている環境でよく使われます。たとえば、全体バックアップを週次で、増分バックアップを日次で実行するような使い方が考えられます。

また、オンラインストレージのようなクラウド環境へのバックアップや遠隔地への保存など、ネットワーク経由で大容量のファイルを送受信することが難しい場合でも増分バックアップは有用です。

永久増分バックアップ

差分バックアップと増分バックアップを組み合わせた手法として、**永久増分バックアップ**があります。これは、あらかじめ設定したバックアップの世代数を超えた場合に、最も古い増分データとフルバックアップを合成させるという方法です。バックアップのタイミングでは増分データのみを転送するため、増分バックアップと同等の速さでバックアップできます。

COLUMN 社外にあるデータはエクスポートする

本書では、社内にあるデータのバックアップについて解説しています。しかし、現代ではクラウドサービスの使用が当たり前になっており、社外にも重要なデータが多くあります。これらのバックアップについて考えます。

たとえば、Gmailなどのメールサービスで管理するメールや連絡先、FacebookやXなどのSNSへの投稿、NotionやCosense（旧Scrapbox）などのノートアプリに記録したノート、WordPressなどのブログサービスに投稿した内容などが挙げられます。

これらのサービスでは、事業者によって定期的にバックアップが取得されていることが一般的ですが、そのサービスが終了してしまう可能性があります。また、保存期間や保存容量に上限があり、それを超えるとデータが削除されることもあります。さらに、事業者側が想定していない不具合などにより、バックアップも含めてデータが削除される可能性があります。

このため、社外にあるデータでも必要なものは自身の手でバックアップを取得することが求められます。

一般的には、こういったサービスは「エクスポート」という機能を用意しています。これは、サービス上に保存しているデータを、利用者の手元で保存できるように出力できる機能です。

たとえば、メールであればそれぞれのメールを「eml」という形式で保存できれば、他のメールソフトに移行するのは比較的容易です。また、ノートアプリなどで記録したデータもテキスト形式で出力できれば特別なアプリケーションを使用しなくても閲覧、加工できます。

サービスによってエクスポートで出力できるデータの形式は異なるため、サービスを利用するときには、どのような形式でエクスポートできるのかを調べておきましょう。

第2章

バックアップに使われるツール

バックアップを取得するために、さまざまなツールが提供されています。それぞれのツールが持つ特徴を比較し、具体的な設定方法を知ることで、自社に最適なバックアップ環境を用意しましょう。

2-1 オンラインストレージ

役立つのはこんなとき

- オンラインストレージの種類と特徴を知りたい
- 自社サーバーでオンラインストレージを作りたい

オンラインストレージの役割

第1章で解説したように、リアルタイムに取得できるバックアップとしてだけでなく、災害対策を考えても、オンラインストレージの使用は現代のデータ管理において有効な手段です。

ただし、オンラインストレージを使うときはバックアップ用途というよりも、「複数の端末でファイルを共有する」「複数の利用者でファイルを共有する」といった理由が先にくることが多いでしょう（図2-1）。一部のサービスではファイルの履歴を保持できるものもありますが、基本的にはデータを共有するためのものです。

図2-1 ファイル共有

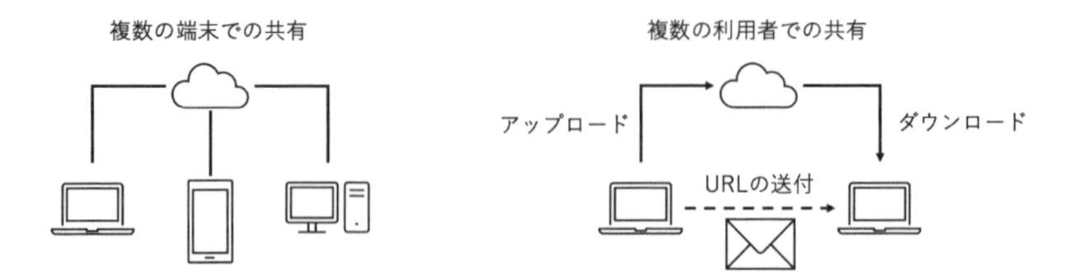

共有には便利なサービスですが、利用する際には、オンラインストレージそのものに障害が発生した場合、そのデータはどうなるのかを意識しなければなりません。つまり、オンラインストレージそのもののバックアップについても考慮しておきます。

一般的なオンラインストレージでは、利用規約で「責任共有モデル」という考え方が示されています。これは、データを保護するときの責任を「提供者」と「利用者」の両方が分担するモデルです。インフラの障害やアプリの不具合など、一般的に考えて必要なサービスを提供できなかった場合は、提供者側が責任を持ちます。一方で、サービスを利用している中での誤操作、フィッシング詐欺でのパスワードの漏洩、ウイルス感染でのファイルの削除などについては、利用者側が責任を持たなければなりません。

このため、オンラインストレージの提供者が実施しているのはバックアップというよりもレプリケーション[1]に該当します。利用者の誤操作などで破損したデータは、そのままレプリケーションされるので、破損したデータが復元されます。

3-2-1ルール[2]で考えると、バックアップデータが同じオンラインストレージにあるのは望ましくないため、複数の端末での共有や複数の利用者での共有として日常的に使うことを考えると、そのサービスとは異なる場所にバックアップを取得しておくことが必要です。

主要なオンラインストレージの特徴

主要なオンラインストレージはいずれもWindowsやmacOS、iOS、iPadOS、Androidなど、さまざまなOSに対するアプリが提供されているため、通常の共有フォルダと同じように使えます。それでも、それぞれに特徴がありますので、バックアップも含めた使い勝手について紹介します。

---

1 1-2節参照。

2 1-3節参照。

OneDrive

Microsoftが提供するオンラインストレージサービスとして**OneDrive**があります。Windows10以降では初期状態でインストールされていることから、特にダウンロードせずに使えます。執筆時点では無料で5GBの容量を使用できます。また、有料版として家庭向けのMicrosoft 365を契約することで、その契約内容に応じて1人1TBといった容量に増やすこともできます。

企業向けのサービスとして**OneDrive for Business**もあります。法人向けのMicrosoft 365を契約することで、従業員1人あたり1TBといった大容量の領域を使用可能です。

いずれもMicrosoft Officeと連携しており、WordやExcelなどのOfficeアプリを使っているとき、「自動保存」を有効にすると変更したファイルをOneDriveに自動保存できます（図2-2）。

また、ファイルのバージョン履歴を保持しており、過去のバージョンから簡単に戻すことができます（図2-3）。これにより、誤ってファイルを上書きした場合でも、以前のバージョンを復元できます。

図2-2 Wordで「自動保存」を有効にした状態

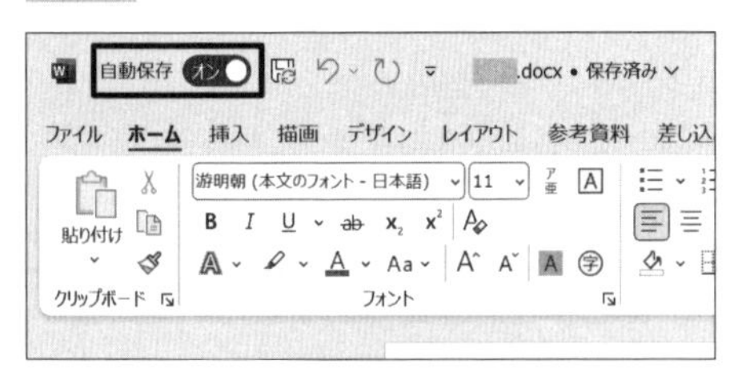

図2-3 バージョン履歴

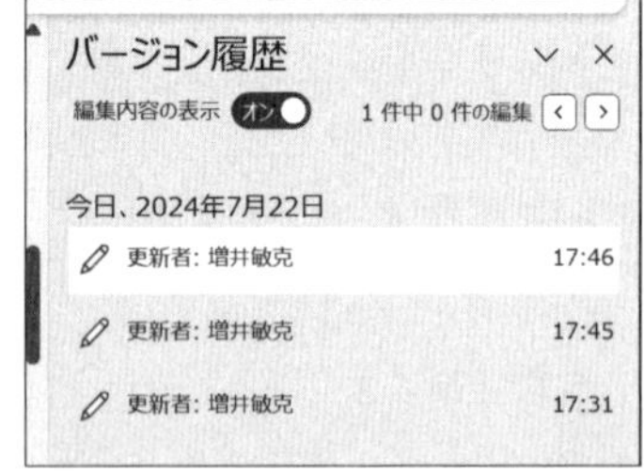

Google Drive

Googleが提供するオンラインストレージサービスとして**Google Drive**があります。GmailやGoogleドキュメント、Googleスプレッドシートなどのアプリケーションとシームレスに統合されており、Gmailの添付ファイルを直接保存したり、作成したGoogle ドキュメントを自動的に保存したりできます。

Googleならではの強力な検索機能を備えており、Webブラウザ上でキーワードを入力するだけでなく、ファイルの種類や日付などを指定して高速にファイルを検索できることが特徴です。特に、写真などの画像ファイルに写っている文字を検索できるOCR機能も備えており、欲しいファイルを簡単に見つけられます。Webブラウザ上で操作する場合は、Google Workspace Marketplaceからアプリを導入して、便利な機能を追加することもできます（ 図2-4 ）。

個人の利用者であれば無料でも15GBの容量が割り当てられており、有料プランでは100GBや2TBといった容量も使用できます。企業であれば**Google Workspace**を契約することで、1人あたり30GBや2TB、5TBといった大容量を使用可能です。

図2-4 Google Workspace Marketplace

Box

大企業などで多く採用されているオンラインストレージサービスとして**Box**があります。無料で10GBの容量を利用できるだけでなく、個人では有料で100GB、ビジネスプランでは容量が無制限になります。

セキュリティやコンプライアンスを重視しているサービスで、データの暗号化や多要素認証、詳細なアクセス制御などを備えています。たとえば、セキュリティを考えるとき、業界によっては次のような規制があります。

- HIPAA（Health Insurance Portability and Accountability Act）
- FedRAMP（Federal Risk and Authorization Management Program）
- FINRA（Financial Industry Regulatory Authority）
- ISMAP（Information system Security Management and Assessment Program：政府情報システムのためのセキュリティ評価制度）
- AICPA[3] SOC 2（System and Organization Control）

また、企業によっては、GDPRなどさまざまな法的要件を満たすよう求められることもあります。医療機関での患者情報の管理や、金融機関での取引データの保護などでは、厳格なセキュリティと法的要件を満たす環境が必要です。

Boxはこれらの規制や法的要件に対応しているため、コンプライアンス面の要求が厳しい医療や金融関係の業界で特に注目されています。

Dropbox

個人の利用者や中小企業などで多く使われているオンラインストレージサービスとして**Dropbox**があります。無料では2GBと他と比べると少なめの容量ですが、友人を紹介するなどにより、無料で容量を増やすことができます。また、有料のプランを契約することで、2TBや3TBといった容量に増やせます。

バックアップの用途として考えると、Linux環境に向けたアプリが公式サイトで用意[4]されているため、コマンドラインでファイルを同期できるのが大きな特徴です。たとえば、レンタルサーバーなどのシステム障害などに備えて、ファイルやデータベースのバックアップを外部に保存したい場合があります。多

---

3 AICPAは米国公認会計士協会のこと。

4 https://www.dropbox.com/install-linux

くのレンタルサーバーはLinuxで動作しており、そのデータをバックアップするときにオンラインストレージへ送信できるのは便利です。

NextCloud

ここまでに紹介したサービスは、それぞれの事業者が提供するクラウド型のオンラインストレージです。少ない容量であれば無料もしくは安価で保存できて便利な反面、大容量のデータを保存すると月額のコストが高くなります。

また、業務で使う重要なデータは外部の事業者に任せるのではなく、自社で管理したい場合もあるでしょう。このとき、自社が所有するサーバーで同じようなオンラインストレージを実現する方法を考えてみます。

オープンソースのソフトウェアでオンラインストレージを実現している例として、**NextCloud**[5]や**ownCloud**[6]があります。自身で構築したサーバーにインストールして使用でき、無料のクライアントソフトをパソコンやスマートフォンにインストールして同期できます。

所有するデータを自身で制御できるだけでなく、外付けハードディスクなどを使用して大容量のオンラインストレージを安価に構築できます。

NextCloudではカレンダーやメール、連絡先、ビデオ会議などのプラグインが用意されており、グループウェアのように使えることが特徴です。標準で用意されている「Versions」というプラグインを有効にしておくと、ファイルの履歴も管理でき、誤って上書き保存してしまっても元に戻せます。

---

5 https://nextcloud.com

6 https://owncloud.com

2-2 OSが備えるツール

役立つのはこんなとき

- OSが標準で備えるツールでバックアップを取得したい
- 手軽なバックアップの設定方法を知りたい

Windowsのバックアップ機能

Windowsには、個人および中小企業の利用者がデータを容易にバックアップできるツールが標準で用意されています。ただし、標準では有効になっていないため、必要に応じて設定しておきましょう。

「システムイメージ」でシステム全体をバックアップする

Windows 7以降のWindowsには、システム全体をバックアップする**システムイメージ**という機能があります。これは、OSのようなパソコンの起動に必要なデータも含めてシステム全体のコピーを作成するもので、外付けのハードディスクやDVD、ネットワーク上のドライブなどに保存できます。

正常に稼働しているときに作成しておき、ハードディスクが故障したり、システムに何らかの障害が発生したりしたときに、作成したシステムイメージの内容からシステムを復旧するといった使い方をします。

システムイメージを作成する

Windows 11でシステムイメージを作成するには、「コントロールパネル」にある「バックアップと復元（Windows 7）」を使います。コントロールパネルを開くには、Windowsの「スタート」ボタンから「すべてのアプリ」→「Windowsツール」の順に開き、その中にある「コントロールパネル」を選択します。そして、「システムとセキュリティ」にある「バックアップと復元（Windows 7）」を選択します（図2-5）。

図2-5 「コントロールパネル」にある「バックアップと復元（Windows 7）」

表示された画面で左側のメニューから「システムイメージの作成」を押します（図2-6）。

図2-6 「システムイメージの作成」画面

表示された画面で、バックアップの保存先としてハードディスクなどを選択します（図2-7）。

図2-7 保存先の選択

「次へ」を押すと、バックアップする対象が表示されます。対象の選択が完了したら、「次へ」を押すと図2-8のような画面になるので、「バックアップの開始」を押せばバックアップできます。

図2-8 バックアップを開始する

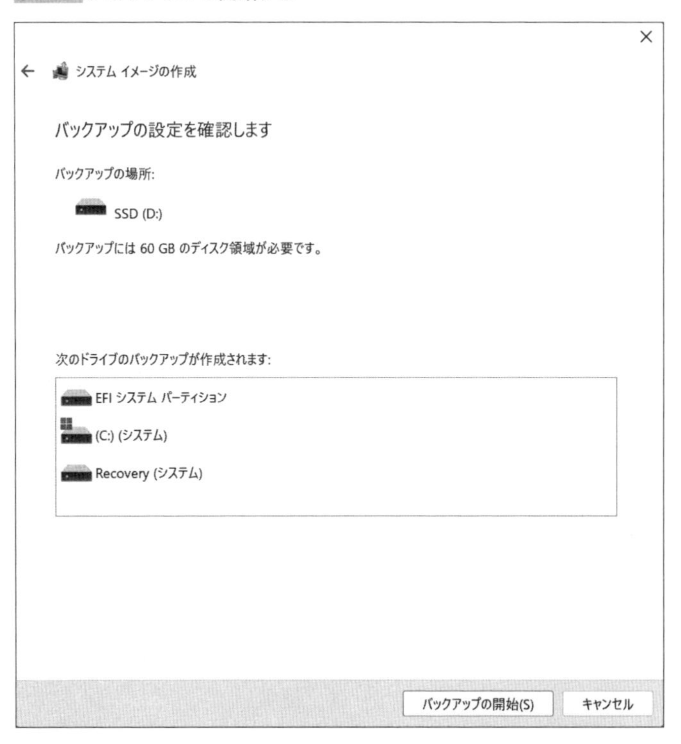

MEMO システム修復ディスクを作成する

パソコンが起動しなくなったときに、データの救出やシステムの復旧をする目的であれば、システム修復ディスクを作成しておく方法もあります。**図2-6** の「システムイメージの作成」の下にある「システム修復ディスクの作成」から作成することで、パソコンを起動させるのに最低限必要なデータだけを使ったDVDを作成できます。

このシステム修復ディスクには、利用者が作成したデータなどは含まれません。データのバックアップには使えませんが、システムを復旧する目的で作成しておくのもよいでしょう。

システムイメージから復元する

作成したシステムイメージやシステム修復ディスクを用いて、システムを復元する方法を見てみましょう。復元するには、「Windows回復環境（WinRE)」を起動します（図2-9）。Windows回復環境は、OSに何らかの問題が発生したなどの理由で起動できないときに使う環境で、コンピュータの初期化や修復などの操作ができます。

図2-9 「Windows回復環境（WinRE)」画面

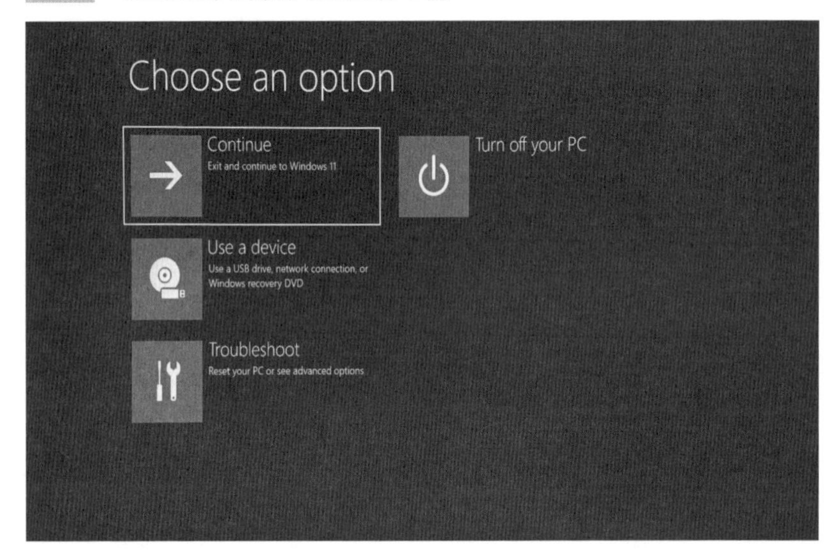

メーカー製のパソコンであれば、キーボード上に「サポート」などの特殊なキーが用意されていることがあります。このキーを押しながらパソコンを起動することで、このWindows回復環境を起動できます。

そのようなキーが用意されていないパソコンでも、Windowsが起動するのであれば、起動した後で「Shift」キーを押しながら再起動することで、このWindows回復環境を起動できます。

回復環境の起動方法はもう1つあります。Windowsのスタートボタンを右クリックして「システム」を選ぶと、図2-10の画面が表示されます。ここで、「回復」を押し、開いた画面で「PCの起動をカスタマイズする」という欄にある「今すぐ再起動」を押せば、Windows回復環境を起動できます。

図2-10 「システム」を開いた状態の保護

これらの操作によって図2-9の画面が表示されたら、「Troubleshoot（トラブルシューティング）」というメニューを選びます。その中にあるメニューから復元するシステムイメージを選択すれば、後は指示に従うだけです。

自動的に作成された復元ポイントに戻す「システムの復元」

上記のシステムイメージは事前に手動で作成しておく必要がありますが、WindowsはWindows Updateを実施するタイミングなどでシステムの復元ポイントを自動的に作成しています。これを利用すれば、Windows Updateなどで導入されたプログラムに問題が発生したときも、以前の安定した状態に戻すことができます。

「システムの復元」を行う

Windows 11で事前に作成しておいた復元ポイントに戻すには、図2-5と同様に「コントロールパネル」を開き、「システムとセキュリティ」から「システム」を開きます。すると、図2-11のような画面が表示され、ここに「システムの保護」というリンクがあります。

図2-11 システムの保護

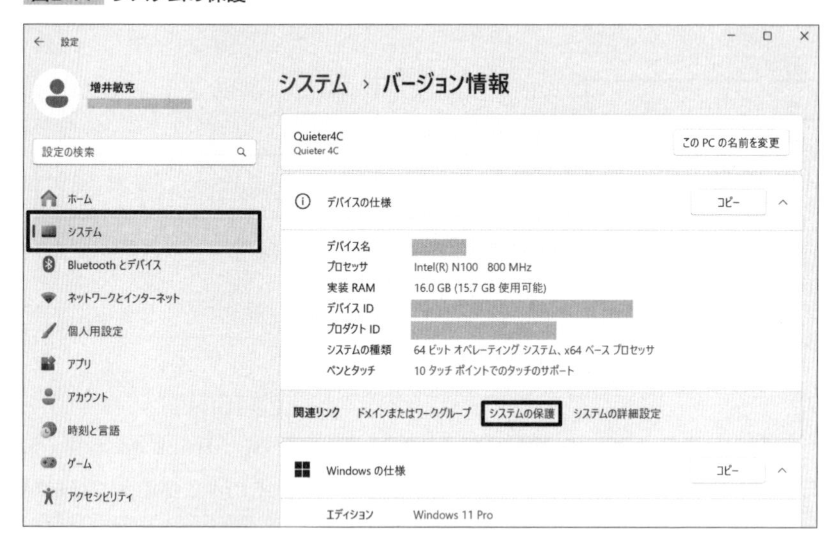

これを押すと、図2-12のような画面が表示され、「システムの保護」というタブの中に「システムの復元」というメニューが表示されています。

図2-12 システムの復元

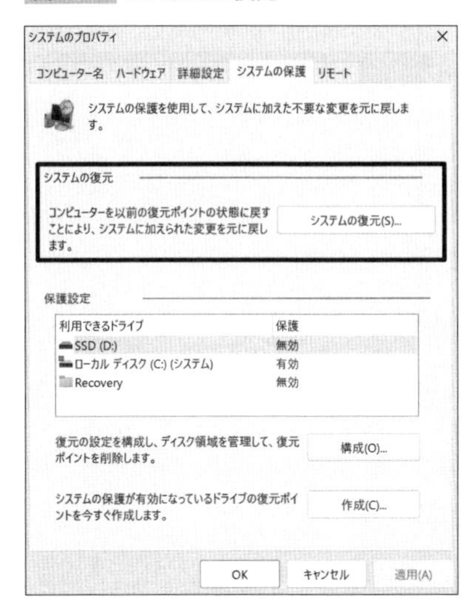

ここで「システムの復元」というボタンを押すと、図2-13のようなシステムの復元についてのウィザード画面が表示されます。

図2-13 「システムの復元」ウィザード画面

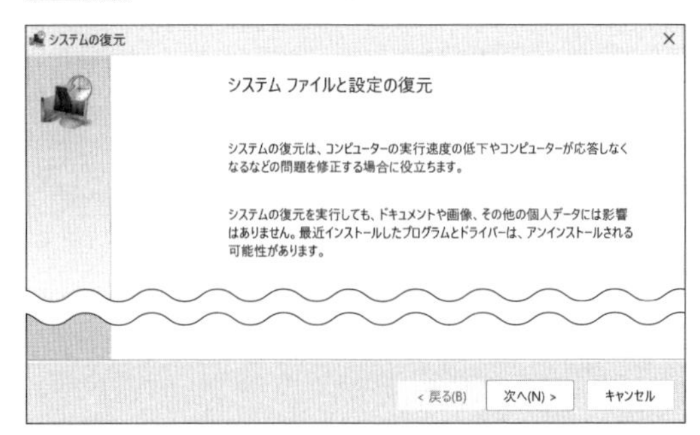

ここで「次へ」ボタンを押すと、図2-14のように復元ポイントの一覧が表示されます。この中から、復元したいポイントを選んで「次へ」ボタンを押すと、そのタイミングの環境を復元できます。

図2-14 システムの復元ポイントの一覧

なお、復元ポイントは任意のタイミングで作成することもできます。そのためには、図2-12の画面で「作成」ボタンを押して、復元ポイントの名前を入力し、復元ポイントを作成しておきます。何か新しいプログラムを導入するときには、その影響によってコンピュータが起動しなくなって困ることがないように、このような復元ポイントを作成しておくとよいでしょう。

Windows Serverのバックアップ機能

Windows Server 2008以降に標準で用意されているバックアップ機能として**Windows Server バックアップ**があります。標準では無効に設定されていますが、有効に設定するだけで、サーバー全体や特定のボリューム、個々のファイルなどを指定してバックアップを作成できます。

Windows Serverでバックアップを作成する

ここでは、Windows Server 2022を使用して解説します。Windows Server バックアップを有効にするには、Windows Serverの「サーバーマネージャー」を使用します（図2-15）。

図2-15 サーバーマネージャー

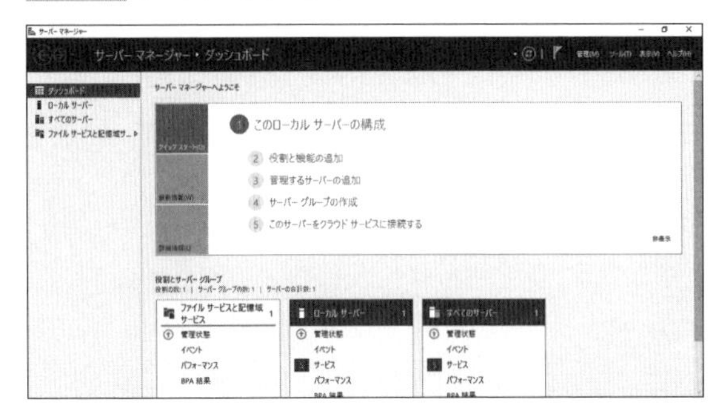

この画面から、「役割と機能の追加」をクリックすると、図2-16のような「役割と機能の追加ウィザード」という画面が開き、画面に沿って進めるだけで設定できます。Windows Serverバックアップを使用するには、「機能」の一覧から「Windows Serverバックアップ」にチェックを入れてインストールします。

図2-16 Windoows Serverバックアップのインストール

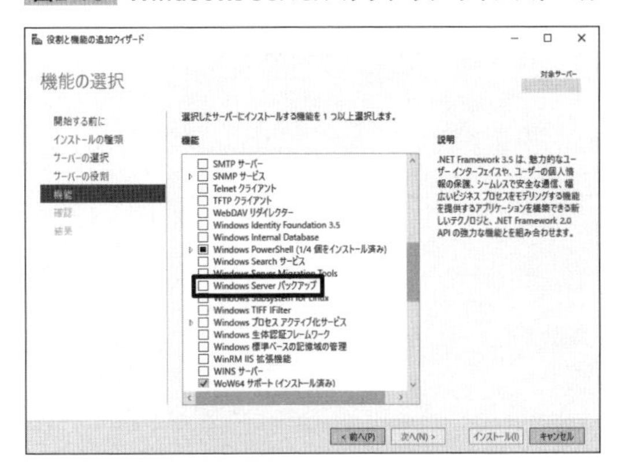

インストールが完了すると、図2-17のような画面が表示されます。

図2-17 インストール完了画面

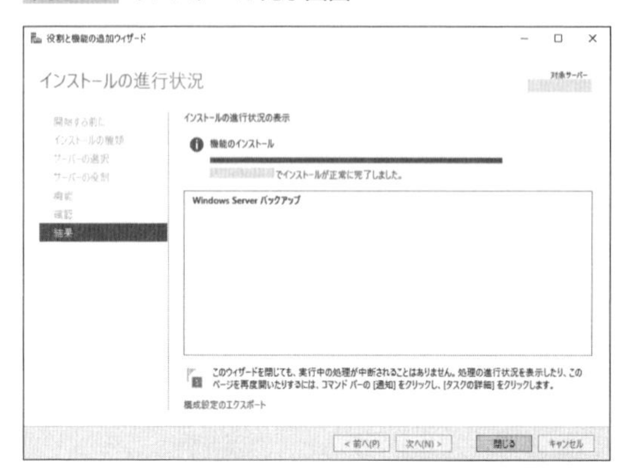

画面を閉じて、スタートメニューの「Windowsアクセサリ」の中を見ると、「Windows Serverバックアップ」というメニューが表示されています（**図2-18**）。

図2-18 Windows Serverバックアップがインストールされたことを確認

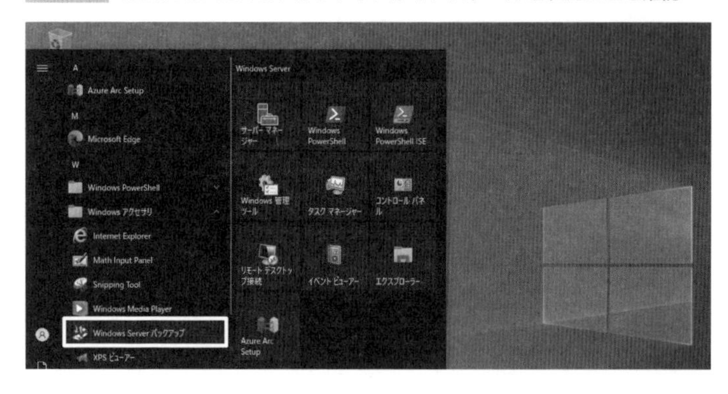

ここからWindows Serverバックアップを起動すると、**図2-19**のような画面が表示されます。

図2-19　バックアップスケジュールの指定

画面右の「バックアップスケジュール」を選択すると、「バックアップスケジュール」ウィザードが開きます。画面に沿ってバックアップの構成（サーバー全体なのか、特定のボリュームなのか、特定のファイルなのか）や、バックアップの時間（バックアップを実行する頻度と時間）、作成先などを選択することで設定ができます。

macOSのバックアップ機能（Time Machine）

macOSにも標準でバックアップ機能が用意されており、Time Machineと呼ばれています。この機能を使うには、内蔵のハードディスクやSSDではなく、外付けのハードディスクやSSD、もしくはネットワーク上にある共有ドライブが必要です。

このTime Machineでは、コンピュータ全体のバックアップを作成するため、OSやアプリケーション、設定、利用者が作成したデータなどすべてが含まれます。初回は全体バックアップを作成し、それ以降は変更されたファイルのみをバックアップ（増分バックアップ）します。

Time Machineのアプリから、特定のファイルやフォルダを復元することもできますし、それぞれのファイルについてバージョンを保持しているため、過去にさかのぼって特定のバージョンを復元できます。

このように便利なTime Machineですが、使用にあたっては注意点もあります。バックアップ先として指定したハードディスクやSSDは、Time Machineの専用になるため、他のファイルを保存することはできません。また、空き容量が少なくなると、古いデータから順に削除されるため、十分な容量のハードディスクやSSDを用意しておいた方がよいでしょう。

Time Machineでバックアップを行う

Time Machineの設定

Time Machineを設定するには、「システム設定」の「一般」にある「Time Machine」を選択します（図2-20）。

図2-20 macOSのシステム設定画面

開いた画面で「バックアップディスクを追加」を押して、バックアップ先のディスクを選択します（図2-21）。

図2-21 Time Machineの設定

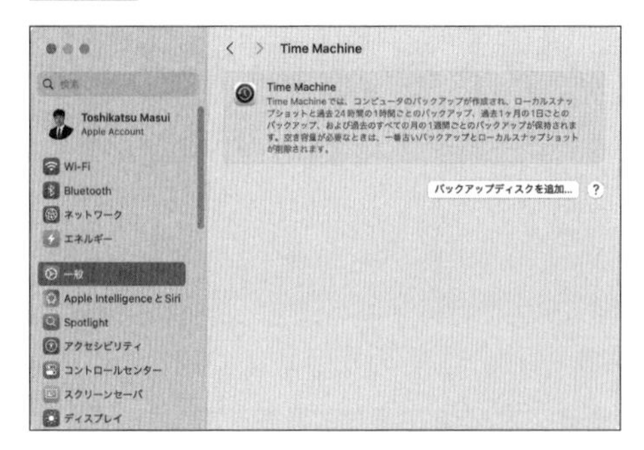

そして、パスワードなどを設定して「完了」を押すと、Time Machineは定期的かつ自動的にバックアップを作成します（**図2-22**）。

図2-22 バックアップの作成

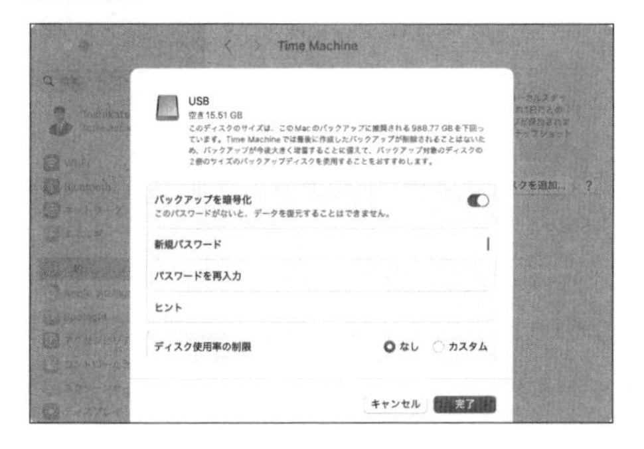

初回のバックアップには時間がかかりますが、それ以降のバックアップは増分バックアップとなるため、それほど時間はかかりません。

Time Machineから復元するには

バックアップから復元したい場合は、Time Machineアプリを起動します。復元したい日時のバックアップを選択したら、復元したいファイルやフォルダを選択し、「復元」を押します。

2-3 バックアップソフトを活用する

役立つのはこんなとき

- バックアップを細かく制御したい
- クライアントサーバー型バックアップソフトの種類と特徴を知りたい

前節で解説したように、OSが備えるツールでバックアップを手軽に取得できますが、ファイルやフォルダ単位で細かくバックアップを制御したいこともあります。このような要望を満たすバックアップソフトが開発されています。

標準のコマンドとオープンソースソフトウェア

バックアップに使う各種コマンドの特徴

一般の利用者がWindowsで使えるツールとして、有料のソフトウェアやハードディスクなどを購入したときに付属するソフトウェアがあります。また、標準で用意されているコマンドを使うこともできます。

コマンド操作に慣れているなら、Windowsに標準で用意されているxcopyやrobocopyといったコマンドが便利でしょう。copyというコマンドと比較しながら、それぞれの特徴を見ていきます。

copyコマンド

Windowsではcopyコマンドが用意されており、マウスを操作してコピー&ペーストするときと同じようにファイルをコピーできます。たとえば、次のコマンドをコマンドプロンプトやPowerShellで実行すると、「C:¥abc.txt」というファイルを「C:¥def.txt」というファイルにコピーできます。

```
C:¥> copy abc.txt def.txt
```

xcopyコマンド

copyコマンドではフォルダをコピーできません。そこで、xcopyというコマンドを使います。次のコマンドを実行すると、「C:¥abc」というフォルダを「C:¥def」というフォルダにコピーできます。

```
C:¥> xcopy abc def
```

xcopyには「サブフォルダをコピーするか」「空フォルダをコピーするか」「隠しファイルなどをコピーするか」「属性をコピーするか」といったさまざまなオプションも用意されています[7]。

たとえば、空フォルダを含めてサブフォルダをすべてコピーする場合、次のように実行します。

```
C:¥> xcopy /s /e abc def
```

robocopyコマンド

robocopyを使うと、フォルダのミラーリングや同期ができます。存在しなくなったファイルを削除したり、変更されていないファイルをコピーしなかったりすることで、高速で効率よくコピーできます。

たとえば、次のコマンドを実行すると、「C:¥abc」というフォルダを「C:¥def」というフォルダにミラーリングできます。この「/mir」というオプションは、サ

7 一般的にはコマンドで操作するときは「ディレクトリ」という言葉を使うが、本書でWindowsやmacOSのディレクトリを扱うときは「フォルダ」という言葉で統一している。

ブフォルダも含め、コピー元とコピー先が同じになるようにコピーするものです。コピー先フォルダがコピー元とまったく同一になるよう、ファイルのコピーおよび削除を行います。

```
C:¥> robocopy /mir abc def
```

Windowsで特定のフォルダを定期的にバックアップするような用途では、このrobocopyが便利でしょう。

オープンソースのバックアップソフト

サーバーOSを用意する

以下では、主にサーバー管理者が使うオープンソースのバックアップソフトについて詳しく解説します。一般的なクライアントサーバー型のソフトウェアではサーバーが必要です。そして、多くのサーバーではLinuxなどのUNIX系OSやWindows Serverなどのサーバー用OSが使われています。

最近では、サーバーを構築するLinuxとして、CentOSやその後継製品が多く利用されています。本書ではLinuxとしてAlma Linux[8]を使用しますが、Rocky LinuxなどCentOSと同じようなディストリビューションであれば、コマンドや設定は基本的に変わりません。

パソコンにLinuxをインストールするには、公式サイトからISOファイルをダウンロードして、USBメモリなどに書き込んでコンピュータを起動するだけです。手軽にサーバーを構築したいときは、インターネット上で提供されている**VPS（Virtual Private Server；仮想専用サーバー）**を使う方法もあります。VPSの場合はテンプレートが用意されていて、簡単にインストールできるサービスも多くあります。

---

8 Alma Linuxの9.4のminimal版を使用。

インストールが完了すると、次の「dnf upgrade」コマンドでシステムを最新に更新します[9]。「-y」というオプションは、確認を求められたときに自動的に「yes」を応答します。

```
# dnf upgrade -y
```

rsyncコマンド

サーバー上のファイルをバックアップするとき、単純にファイルをコピーするだけで済めば話は簡単なのですが、それほど単純ではありません。処理が途中で止まる可能性もあれば、差分だけを更新したい場合もあります。

そんなときに使えるツールとして**rsync**があります。rsyncは、「remote」と「sync」を組み合わせた名称で、離れた場所（リモート）にあるコンピュータにファイルを同期できます。同期元と同期先のディレクトリを比較し、変更された部分だけを転送することで、効率よく同期できる仕組みです。

この仕組みはバックアップにも使えます。リモートだけでなく、ローカルの複数のディレクトリを比較することもできますし、転送ではなくローカル内でのコピーにも使用できるためです。

上記のようなファイルの比較やネットワークの転送といった動作を実現するために、rsyncは **表2-1** のような機能を備えています。

表2-1 rsyncの機能

機能	概要
差分転送	全体を転送するのではなく、変更された部分のみを転送する機能。ネットワークの転送量や転送時間を大幅に削減できる
圧縮	転送中にデータを圧縮する機能。テキストデータなどの場合、圧縮することでネットワークの転送量を節約できる
ファイル属性の保存	ファイルの所有権、パーミッション、タイムスタンプなどの属性を保持する機能。バックアップ後のファイルの整合性が保たれる

---

9 dnfコマンドは以前のyumコマンドと同等だという認識で十分。

macOSでは標準でrsyncがインストールされています。Alma Linuxにインストールするには、次のコマンドを実行します。

```
# dnf install -y rsync
```

インストールが完了すると、rsyncコマンドを使えます。たとえば、次のコマンドを実行すると、「/src/from」というディレクトリの内容を「/dst/to」というディレクトリの中に同期できます。

```
$ rsync -avz /src/from /dst/to
```

「-avz」というのはオプションで、「-a」はアーカイブモード（ファイル属性の保存を含む）を有効にすること、「-v」は詳細な出力を表示すること、「-z」は転送中に圧縮することを意味します。その他のオプションとして、**表2-2**のようなものがあります。

なお、このようにローカル環境で実行するよりも、リモートにある環境との間で同期する使い方が一般的です。たとえば、ローカルにある「/src/from」を「remote」というホストにある「/dst/to」に同期するとき、「user」というユーザー名でremoteにログインして同期するには、次のようなコマンドを実行します。

```
$ rsync -avz /src/from user@remote:/dst/to
```

リモート側にパスワードが設定されていると、このコマンドを実行したときにパスワードを求められます。最近では、パスワードを使ってログインするのではなく、証明書を使ってログインすることが増えています。このため、パスワードの入力は省略できることが多いです。

このようにコマンドで実行できる環境を整備すると、定期的なバックアップを自動化できます。UNIX系のOSであればcronを使うことが一般的です。

表2-2 rsyncのオプション（よく使われるもの）

オプション	別名	意味
-a	--archive	-rlptgoDと同じ
-r	--recursive	ディレクトリを再帰的にたどる
-l	--links	シンボリックリンクをシンボリックリンクとしてコピーする
-p	--perms	パーミッションを維持する
-t	--times	タイムスタンプを維持する
-g	--group	グループを維持する
-o	--owner	ファイル所有者を維持する（スーパーユーザーのみ）
-D		デバイスファイルや特殊ファイルを保持する（「--devices --specials」相当）
	--devices	デバイスファイルを保持する（root権限が必要）
	--specials	特殊ファイルを保持する
-v	--verbose	詳細な出力を表示する
-q	--quiet	エラーメッセージ以外を抑制する
-b	--backup	バックアップを作る
-n	--dry-run	転送されるものを表示する（実行はしない）
-z	--compress	転送中に圧縮する

cronは定期的に実行するためのコマンドで、UNIX系OSの多くが標準で搭載しています。たとえば、毎日0時ちょうどにバックアップを取得するcronジョブを設定するには、crontabコマンドで、実行したいコマンドを指定します。

```
$ crontab -e
0 0 * * * rsync -avz /src/from /dst/to
```

ここで指定している内容については、第3章で詳しく解説します。

dumpコマンド

rsyncはファイル単位でコピーしてバックアップを取得しますが、ファイルシステム全体のバックアップを取得したいこともあります。このようなときに使われるツールとして**dump**と**restore**があります。

dumpは、UNIX系システムで使用される伝統的なバックアップユーティリティで、バックアップレベルを指定して、全体バックアップや増分バックアップを設定できます。

このコマンドはファイルシステムとしてext2やext3、ext4に対応しています。最近ではXFSというファイルシステムを使用している環境が増えており、この場合は**xfsdump**や**xfsrestore**というコマンドが使われています[10]。

MEMO ファイルシステムを調べる

使っているファイルシステムを調べるには、次のコマンドを実行します。

```
# df -T
Filesystem     Type     1K-blocks    Used Available Use% Mounted on
devtmpfs       devtmpfs      4096       0      4096   0% /dev
tmpfs          tmpfs       387784       0    387784   0% /dev/shm
tmpfs          tmpfs       155116    9124    145992   6% /run
/dev/vda1      ext4      25625852 3014736  21336540  13% /
tmpfs          tmpfs        77556       0     77556   0% /run/user/0
```

今回はext4を使用しているため、dumpとrestoreをインストールします。Alma Linuxにdumpやrestoreをインストールするには、次のコマンドを実行します（xfsdumpやxfsrestoreをインストールする場合は、それぞれを指定します）。

10 オプションが少し異なるが、処理内容に大きな違いはない。

```
# dnf install -y epel-release
# dnf install -y dump restore
```

dumpによって作成されたバックアップは、restoreを使用して簡単にリストアできます。これにより、システム障害が発生したときなどにシステム全体をリストアできます。

「/dev/vda1」というパーティションに格納されているデータを「/dev/st0」に全体バックアップをするには、次のようなコマンドを実行します。

```
$ dump -0uf /dev/st0 /dev/vda1
```

「-0」というオプションは全体バックアップを、「-u」というオプションはバックアップ日時を「/etc/dumpdates」というファイルに記録することを意味します。「-f」でバックアップ先を指定しています。

ファイルシステムの全体バックアップは「レベル0」で、増分バックアップとして「レベル1」から「レベル9」が用意されています。初回の全体バックアップの後は、「/etc/dumpdates」を参照し、指定されたレベルより低いバックアップの日付を探すことで、その日から後に変更されたデータのみをバックアップできます。

つまり、以前のバックアップ以降に変更されたデータのみをバックアップするには、増分バックアップを使用します。レベル1の増分バックアップを作成するには、次のようなコマンドを実行します。

```
$ dump -1uf /dev/st0 /dev/vda1
```

また、バックアップからリストアするにはrestoreを使います。

```
$ restore -rf /dev/st0
```

この「-r」というオプションはバックアップの内容をすべて一括でリストアすることを意味します。「-f」というオプションは、dumpと同じようにバックアップ元を指定しています。その他にも 表2-3 のようなオプションがあります。

表2-3 restoreのオプション

オプション	内容
-t	ファイル一覧を出力する
-x	特定のファイルだけリストアする
-r	一括でリストアする
-v	詳細を表示する
-i	対話モードでリストアする
-f	リストア元を指定する

ReaR

前節では、Windowsでシステムイメージを作成しました。同じように、Linuxでシステム障害の復旧時に使うISOイメージを作成できるソフトウェアとして、**ReaR**[11]があります。

ReaRをAlma Linuxにインストールするには、次のコマンドを実行します。

```
# dnf install -y rear
```

インストールが完了したら、設定ファイルに記述します。

11 https://relax-and-recover.org

```
/etc/rear/local.conf
```

```
OUTPUT=ISO
OUTPUT_URL=file:///mnt/backup
```

そして、次のコマンドを実行することで、「/mnt/backup」というディレクトリの中にISOファイルが作成されます。

```
# rear -v mkrescue
```

正常に稼働しているときに、上記のコマンドを自動的に実行させておくと、最新のISOイメージを生成できます。障害が発生したときは、このISOイメージをCDやDVD、USBメモリなどに書き込み、パソコンに接続して起動することでシステムを復旧できます。

クライアントサーバー型のバックアップソフト

ここまで解説したコマンドは、サーバー内やサーバー間のデータを同期したりバックアップしたりする機能を備えていました。それ以外の方法として、クライアントサーバー型のバックアップソフトがあります。

代表的なソフトウェア

クライアントサーバー型のバックアップソフトは、パソコンのようなクライアントに保存しているファイルを、サーバー側にバックアップできるソフトウェアです。代表的な製品としてBaculaやAmanda、UrBackup、Duplicity、Resticなどが知られています（表2-4）。

以下、それぞれのソフトウェアの特徴について解説し、比較的手軽に設定できるDuplicityとResticについてコマンドでの設定についても紹介します。他について詳しくは公式のマニュアルを参照してください。

表2-4 バックアップツールの特徴

製品名	難易度	自由度	GUI	イメージバックアップ
Bacula	難	高	○	×
Amanda	中	中	×	△[12]
UrBackup	易	中	○	○
Duplicity	易	低	×	×
Restic	易	低	×	×

Bacula

Bacula[13]は、数千台といった規模のクライアントやペタバイト級のデータでもバックアップできるソフトウェアです。バックアップ先として内部ストレージやテープ装置、オンラインストレージなど、さまざまなメディアを使用できます。

また、バックアップのスケジュールやポリシーを細かく設定でき、増分バックアップや差分バックアップを効率よく管理できることが特徴です。

Baculaは 図2-23 のように複数の要素から構成されています。

この図では、「ディレクター」と「ストレージデーモン」を中心に、「ファイルデーモン」や「カタログ」、「コンソール」といったものが必要であることがわかります。

Amanda

設定がシンプルで小規模から中規模のクライアントがある環境で利用されているソフトウェアとして**Amanda（Advanced Maryland Automatic Network**

12 仮想マシンのイメージバックアップが可能。

13 https://www.bacula.org

図2-23 Baculaのアーキテクチャ[14]

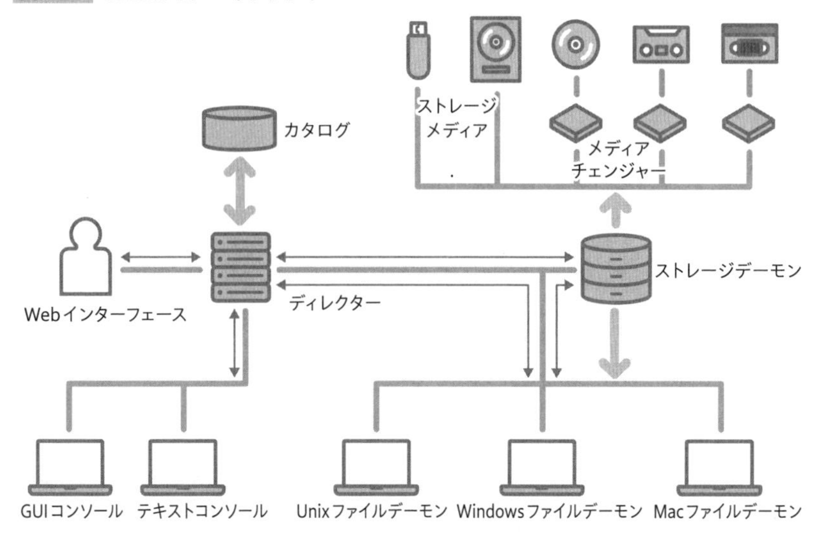

Disk Archiver)[15]があります。コミュニティ版は無料で使用でき、エンタープライズ版としてZmandaなどがあります。

いずれも、複数のクライアントにサーバー側からバックアップの指示を出し、それぞれのクライアントから送信されたバックアップデータを収集して、サーバーに接続したテープ装置に保存するのが特徴です（**図2-24**）。

仮想的なテープ装置を使うことで、ハードディスクなどに保存することもできます。クライアントとしてLinuxだけでなくWindowsやmacOSなど、さまざまなプラットフォームをサポートしていて、異なるOSでも統一してバックアップを管理できます。

また、バックアップされたデータは上記で解説したdumpなどの一般的なツールを使用して保管されているため、専用のソフトウェアがなくてもデータを展開できます。

---

14 https://bacula.org/whitepapers/ConceptGuide.pdf をもとに作成
15 https://www.amanda.org

図2-24　Amandaの仕組み

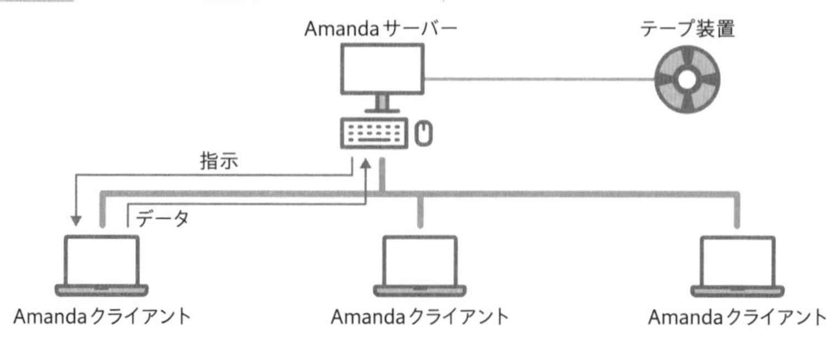

UrBackup

UrBackupは、ファイル単位のバックアップとイメージバックアップの両方に対応していることが特徴です。最初に全体バックアップをした後は、変更されたデータのみを増分バックアップすることで、バックアップ時間とストレージの容量を節約できます。また、異なるコンピュータに同じファイルがある場合、その重複は排除してバックアップすることもできます。

サーバーとしてLinuxだけでなくWindowsもサポートしており、クライアントとしてWindowsやLinux、macOSなどをサポートしています。また、Web画面上でバックアップ状況を管理し、稼働状況をモニタリングできるため、バックアップの設定や進行状況を容易に確認できます。たとえば、UrBackupサーバーの管理画面は 図2-25 のようにWeb画面で操作できるため便利です（日本語に対応していないのは難点ですが）。

リストアするときはDVDやUSBメモリにリカバリー用のISOイメージを作成してパソコンに入れて起動します。すると、自動的にサーバーからイメージを取得し、リストアしたいものを選択できます。

図2-25　UrBackupの管理画面

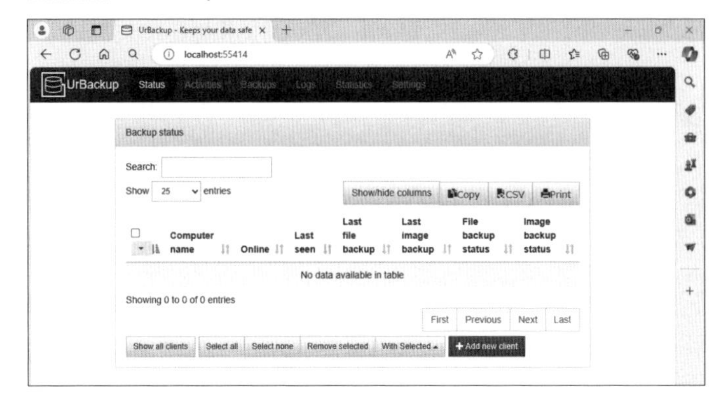

Duplicity

暗号化と増分バックアップに対応しているオープンソースのバックアップソフトウェアとして**Duplicity**[16]があり、オープンソースの暗号化ツールであるGnuPG[17]を使ってバックアップデータを暗号化します。

DuplicityをAlma Linuxにインストールするには、次のコマンドを実行します。

```
# dnf install -y epel-release
# dnf install -y duplicity
```

インストールが完了すると、手元のコンピュータに格納されているデータをバックアップできます。たとえば、任意のディレクトリにバックアップするには、次のコマンドを実行します。

```
$ duplicity /path/to/file file:///path/to/backup
```

---

16 https://duplicity.us

17 https://gnupg.org

すると、GnuPGのパスワードを要求されます。パスワードを入力すると、暗号化されたバックアップデータが指定したディレクトリに格納されます。

なお、リモートのコンピュータにバックアップするには、次のようにscpなどを使用して保存先を指定します。

```
$ duplicity /path/to/file scp://user@remote/path/to/backup
```

作成しておいたバックアップからリストアするには、restoreというオプションを指定してコマンドを実行します。

```
$ duplicity restore file:///path/to/backup /path/to/file
```

バックアップの状況を確認するには、collection-statusというオプションを指定して実行します。これによって、フルバックアップなのか、増分バックアップなのかを判断できます。

```
$ duplicity collection-status file:///path/to/backup
Last full backup date: Wed Jul 24 10:11:12 2024
Collection Status
-----------------
Connecting with backend: BackendWrapper
Archive dir: /root/.cache/duplicity/cb5460e837f90c5dd17b2442dfc50673

Found 0 secondary backup chains.

Found primary backup chain with matching signature chain:
-------------------------
Chain start time: Wed Jul 24 10:11:12 2024
Chain end time: Wed Jul 24 10:13:55 2024
Number of contained backup sets: 2
Total number of contained volumes: 2
 Type of backup set:                            Time:      Num volumes:
                Full         Wed Jul 24 10:11:12 2024                 1
         Incremental         Wed Jul 24 10:13:55 2024                 1
```

```
--------------------------
No orphaned or incomplete backup sets found.
```


レプリケーションも可能で、他の場所にレプリケーションするにはreplicateというオプションを指定してコマンドを実行します。

```
$ duplicity replicate file:///path/to/backup scp://user@remote/path/
to/replicate
```

Restic

データの重複排除や暗号化などの機能を持つオープンソースのバックアップソフトウェアとして**Restic**[18]があります。スナップショットの機能を備えており、特定の時点を指定してデータをリストアできることが特徴です。また、ローカルストレージ、リモートサーバー、クラウドストレージ（Amazon S3、Google Cloud Storageなど）をサポートしています。

ResticをAlma Linuxにインストールするには、次のコマンドを実行します。

```
# dnf install -y epel-release
# dnf install -y restic
```

インストールが完了したら、バックアップデータを保存するリポジトリと呼ばれる場所を作成します。次のコマンドを実行すると、作成するリポジトリに設定するパスワードを求められますので、任意の文字列を指定しておきます。

```
$ restic init -r /path/to/repo
```

そして、バックアップしたいファイルやディレクトリを指定して、次のよう

18 https://restic.net

なコマンドを実行します。実行するとパスワードを求められ、その文字列が上記で指定したものと一致すると、「/path/to/data」で指定したデータがリポジトリにバックアップされます。

```
$ restic backup /path/to/data -r /path/to/repo
```

ローカルではなくリモートにあるサーバーを指定してバックアップするには、次のようなコマンドを実行します。

```
$ restic backup /path/to/data -r scp:user@host:/path/to/repo
```

作成したスナップショットの一覧を表示するには、次のコマンドを実行します。

```
$ restic snapshots -r /path/to/repo
enter password for repository:
repository 53b876ca opened successfully, password is correct
ID        Time                 Host        Tags    Paths
-----------------------------------------------------------------
89cb55a0  2024-07-24 10:18:51  xxxxxxxxxx          /path/to/data
-----------------------------------------------------------------
1 snapshots
```

また、特定のスナップショットからデータをリストアするには、上記の一覧に表示されるIDを指定して、次のコマンドを実行します。

```
$ restic restore 89cb55a0 --target /path/to/restore -r /path/to/repo
```

2-4 バックアップアプライアンス

役立つのはこんなとき

- バックアップツールを使う際のサーバー管理の課題と対策を知りたい
- Backup as a Serviceについて知りたい

一般的なバックアップツールの課題

この章では、オンラインストレージに加え、OSが備えるツールやバックアップソフトについて解説してきました。パソコン1台のバックアップであれば、オンラインストレージやOSが備えるツールで十分でしょう。クライアントサーバー型のバックアップソフトを使うことで、それなりの台数でも運用できるかもしれません。

しかし、自社でバックアップ用のサーバーを運用するのはなかなか大変です。そこで、**バックアップアプライアンス**を使う方法が注目されています。バックアップアプライアンスはバックアップに特化した製品で、ハードウェアやOS、バックアップソフトなどが1つになっています。

一般的なパソコンやサーバーでは、何らかの問題が発生したときに、ハードウェアの障害なのか、ソフトウェアの障害なのか、そもそも設定ミスなのか、といったいろいろなことを考慮に入れて切り分けないと、メーカーに問い合わせることもできません。

しかし、アプライアンスの場合は、問題が発生したときにアプライアンスメーカーに問い合わせるだけで済みます。セットアップも容易で、複数のアプライアンスを統合管理できます。

アプライアンスを使うことは、そのベンダーにすべてを委ねてしまうことになるので、ベンダーロックインになる可能性があるでしょう。それでも、以下で解説するようなメリットが多いため、大規模な組織を中心に、費用をかけてでもアプライアンスを導入することが増えています。

アプライアンスの特徴

アプライアンスの拡張性と共有アーキテクチャ

アプライアンスを導入するメリットとして、データの増加への対応が容易なことが挙げられます。現代ではデータ量は増える一方で、それに伴ってバックアップの容量も増えています。

このようにデータ量が増えたとき、ハードディスクなどを増設したり、サーバーの性能を向上したりする保守が必要になります。このとき、アプライアンスが持つ拡張性は大きなメリットです。

スケールアップ（垂直スケーリング）

既存のシステムにCPUやメモリ、内部ストレージなどのリソースを必要に応じて追加することで性能を向上させる方法を、**スケールアップ（垂直スケーリング）**といいます。

スケールアップでは既存のシステムにリソースを追加するだけでシステムの能力を向上できるため、運用面でのコストを抑えて管理できます。リソースの追加に必要なシステムの停止時間（ダウンタイム）を最小限に抑えられることもメリットです。

一方で、増設できるメモリの容量や接続できるストレージの数には上限があります。ハードウェアには物理的な制約があるため、無限に追加はできません。また、システム全体が1つのハードウェアに依存するため、故障が発生すると単一障害点となり、システム全体に大きな影響を与える可能性があります。

スケールアウト（水平スケーリング）

複数のコンピュータを並列に配置して、システム全体として性能を向上させる方法を**スケールアウト（水平スケーリング）**といいます。新しいコンピュータを追加することで、CPUやメモリなども追加されるため、システム全体の能力を向上できます。

複数のコンピュータに分散するので、1台のコンピュータが故障しても、他のコンピュータで役割を引き継ぐことで単一障害点を回避できます。また、必要に応じてコンピュータを追加すればシステムを拡張できるため、データの増加やトラフィックの増大に柔軟に対応可能です。これは、大規模な初期投資を避けることにもつながります。

一方で、コンピュータの台数が増えると、システム全体としての管理は複雑になるため、効率よく管理できるツールが求められます。また、それぞれのコンピュータの間でデータを同期するため、ネットワークの負荷が増加します。

マルチテナント

1つのバックアップアプライアンスを複数の顧客（テナント）が共有するアーキテクチャを**マルチテナント**といいます。これは顧客だけでなく、社内で共有することもあります。

たとえば、システムごとに管理を分けたい、部署によって管理を分けたい、といった場合にテナントを分けておくことで、それぞれのポリシーに合わせてバックアップの手法やスケジュールを調整できます。

このような考え方は、レンタルサーバーやクラウドサービスでも使われています。リソースを効率よく利用でき、コストを削減できるだけでなく、一元管理できるため管理を簡素化できます。

一方で、複数のテナントが同じリソースを共有することで、1つのテナントが大量のリソースを使用すると、他のテナントに影響が出る可能性があります。また、システムに不具合があるなどの理由により、データが正しく分離されていないと、セキュリティリスクも増加します。このように、厳格なアクセス制御とデータ分離が求められます。

Backup as a Serviceの特徴

バックアップアプライアンスが提供するような機能を、クラウドサービスとして利用することもできます。そのようなサービスを**Backup as a Service（BaaS）**といいます。初期費用が不要、もしくは安価で、ハードウェアの購入やメンテナンスが不要なため、手軽に導入できることがメリットです。

また、バックアップの設定や管理、監視などを任せられるため、バックアップを運用する負担から解放されます。専門的な知識が不要であり、データの増加に応じて、バックアップ容量を簡単に拡張できるなど、必要なリソースを柔軟に調整できることも特徴です。多くの場合、冗長化されたデータセンターで提供されるため、自然災害などに備える意味でも可用性や信頼性が高く、データの損失リスクを最小限に抑えられます。

注意点として、データがクラウドに保存されるため、転送速度が重要になります。特にバックアップは大量のデータを転送する必要があることから、インターネット回線の安定性や速度が求められます。また、データの暗号化やアクセス制御など、セキュリティ面での不安を持つ企業もあります。

主要な事業者として、一般的なPaaSやIaaSの事業者であるAWS（Amazon Web Services）やMicrosoft Azure、Google Cloud、IBM Cloudなどがあります。

なお、データセンターの場所も重要です。データセンターの場所がEUにあるとGDPRが関係するように、データが保管されている場所によって法律が変わることがあるためです。

第3章

バックアップに使われる技術

バックアップを確実かつ効率よく取得するために、さまざまな技術が開発されてきました。また、バックアップのために開発された技術でなくても、自動化や差分の抽出、圧縮、暗号化といった技術がバックアップに活用されています。本章ではこれらの技術について解説します。

3-1 システム全体のバックアップ

役立つのはこんなとき

- バックアップに使える技術を全般的に知りたい
- バックアップを高速で取得したい

常に変わるデータのバックアップを確実に取得する

バックアップを取得するときに問題になるのは、バックアップを取得している最中にデータの内容が変わってしまうことです。バックアップの取得には時間がかかるため、その間に誰かがデータを書き換える可能性があります。

利用者が操作をしなければ変わらないデータもありますが、システムが稼働している間には、利用者が操作をしなくてもコンピュータに保存されているデータは少しずつ変わっています。

その代表的なデータとして、ログがあります。エラー時だけでなく正常時の動作を確認するため、OSやアプリケーションは頻繁にログを出力しています（図3-1）。

図3-1 自動的に出力されるログ

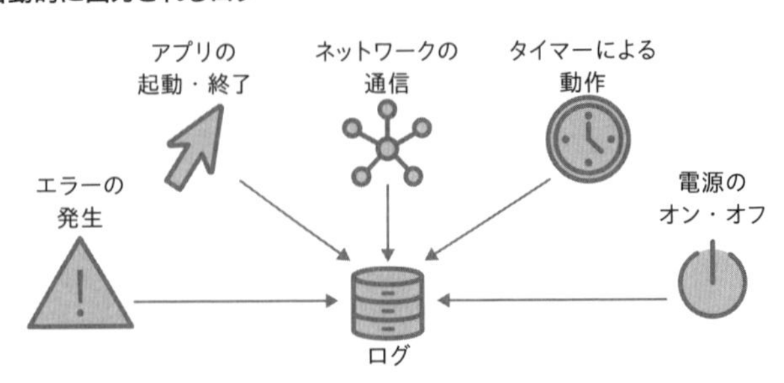

ログが出力される以外にも、Windows Updateのような更新プログラムが自動的に実行されることがあります。このような機能は、利用者が使っていない時間帯に実行されるようにスケジュールされていることが多く、利用者が何も操作をしなくてもシステムが更新されます。これにより、さまざまなファイルが書き換えられます。

ファイルが次々と変更されている最中であろうと、データやアプリケーション、システムの設定内容などを含むシステム全体をバックアップとして取得して、故障や障害などによってデータが失われることを防がなければなりません。

こう聞くと大変に思うかもしれませんが、システム全体やデータベース全体のバックアップを確実に取得する仕組みが確立されています。具体的には、**コールドバックアップ**と**ホットバックアップ**の2つの方法が挙げられます。それぞれにメリットとデメリットがあるため、その違いについて解説します。また、似た仕組みとして、ある時点でのデータを取得しておく**スナップショット**や**レプリケーション**といった技術についても触れていきます。

コールドバックアップ

システムを完全に停止した状態で取得するバックアップを**コールドバックアップ**といいます。システムが起動していると、ログが自動的に出力されるなど、ファイルの構成がリアルタイムに変わりますが、システムが停止していればデータは変更されません。

コールドバックアップを使えば、データの一貫性が保たれるだけでなく、「他のアプリケーションがファイルを開いていてアクセスできない」といった競合が発生しないため、バックアップ時にエラーが発生しにくくなります。

システムが停止している状態やネットワークから切断されている状態のことを**オフライン**というため、コールドバックアップは**オフラインバックアップ**と呼ばれることもあります。なお、取得したバックアップを「ネットワークに接続していない環境に保存すること」を指してオフラインバックアップと呼ぶこともあり、その場合は意味が異なります。言葉の文脈に注意しましょう。また、データが変わる「動的」という言葉の対義語は「静的（スタティック）」といいますが、「データが変わらない静的なバックアップ」という意味で**スタティックバックアップ**と呼ぶこともあります。

データベースサーバーのコールドバックアップ

コールドバックアップの対象としてよく挙げられるのがデータベースサーバーです。さまざまなアプリケーションにデータベースの機能を提供するサーバーのことで、Webアプリなどで扱うデータを保存するために使われます。

データベースサーバーはLinuxなどのOSの上で動作することが一般的なので、OSは起動した状態です。しかし、データベースサーバーの機能だけを停止してデータベースのバックアップを取得することで、コールドバックアップを実現できます（図3-2）。

図3-2 データベースサーバーの停止

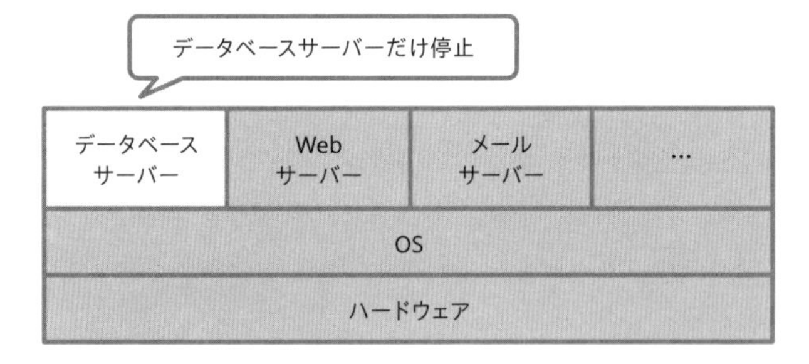

データベースサーバーを止めなくても、データベースへの書き込みさえしなければよいと思うかもしれません。しかし、データベースサーバーは、書き込まれたデータをストレージに記録するだけとは限りません。データを一時的にメモリに記録し、高速に処理できるようにしていることがあります。その場合、データベースサーバーを停止しないと、メモリ上にあるデータをコピーできないのです。データベースサーバーを停止して、メモリ上のデータをストレージに出力することで、データの漏れがなくなります。また、データベースサーバ

ーそのもののログも出力されないようにできます。

OSや他のサーバーなどは起動しているため、それらのログは出力されますが、データベースサーバーに関するファイルは変更されなくなります。これにより、データベースの稼働に必要なファイルをすべてコピーできます。

システム全体のコールドバックアップ

もう少し複雑なのが、システム全体のコールドバックアップです。つまり、OSそのものを含めてバックアップを取得する方法です。OSも停止している状態を実現しようとすると、コンピュータをシャットダウンして、電源が入っていない状態を作ることが考えられます。

しかし、電源が入っていないと、そもそもデータをコピーする操作すら実行できません。このようなとき、コンピュータの内部ストレージからOSを起動するのではなく、別のOSが入ったDVDなどを使ってコンピュータを起動する方法があります。バックアップ対象のOSが入っている内部ストレージは、DVD側から見ると外部ストレージなので、本体に記録されているOSやアプリケーション、データまですべてまとめてバックアップできます（図3-3）。

図3-3 OSまで含めたコールドバックアップ

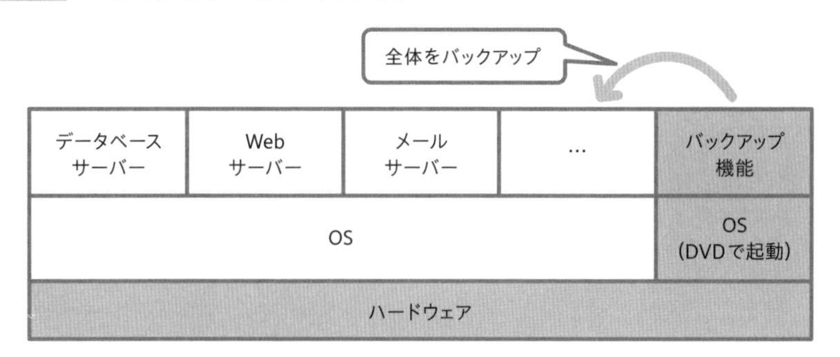

もちろん、コンピュータのケースを開けて内部ストレージを取り出し、他のコンピュータに外部ストレージとして接続する方法も考えられますが、バック

アップのたびにコンピュータを開けるのは大変なので、DVDから起動する方が手軽です。

最近では、仮想マシンでOSを稼働させることも増えています。この場合は、仮想マシンを停止させることで、仮想マシンの電源が入っていない状態を作り出せます。そして仮想マシンのデータが入った仮想ディスクをコピーするだけでよいので、OS全体のコールドバックアップも手軽になっています。

コールドバックアップの注意点

システム停止の影響やデータ量

コールドバックアップでは完全なイメージを保存するため、システム全体を確実に復元できますが、コールドバックアップを実施するにはシステムの停止が必要です。停止中は業務が中断するため、頻繁に停止するとビジネスの生産性に影響を与える可能性があります。特に、24時間稼働しているECサイトのように、停止すると売上に大きな影響が出る場合は、この手法を選択できない可能性があります。

また、システム全体のバックアップを取得する作業が、長時間にわたる可能性があります。大規模なシステムや大量のデータを扱う業務では、バックアップするデータが多すぎて処理に時間がかかります。加えて、保存するためのバックアップ媒体の容量を大量に消費します。

タイミング

コールドバックアップを実施する場合は、システムを長時間にわたって停止できるスケジュールを事前に計画しておきます。たとえば、週に1度、日曜日の夜間に実施するなど、業務への影響を最小限にできるよう、タイミングを調整して実施します。

定期的にコールドバックアップを実施しておくことは、災害対策としても有効です。普段から業務を停止できる現場であれば、復旧にかかる停止時間を確保できる可能性があるためです。

その他にも、システムの大規模なアップデートが発生する前に、コールドバックアップを実施するという考え方もあります。更新作業中に何らかの問題が発生した場合でも、迅速に元の状態に戻せるためです。

ホットバックアップ

システムが稼働している状態で取得するバックアップを**ホットバックアップ**といいます。システムを停止しなくてもよいため、業務を中断することなくバックアップを取得できます。ECサイトのように24時間体制で稼働が必要なサーバーでは、ホットバックアップしか選択できないこともあります。

システムがオンラインのままでバックアップが実行されるため、**オンラインバックアップ**と呼ばれることもあります。「動的（ダイナミック）」という意味で**ダイナミックバックアップ**ともいいます。

アプリケーションを稼働しながらリアルタイムでバックアップを取得できるため、最新のデータを保護でき、バックアップを実行するタイミングなどのスケジュールも柔軟に調整できます。

ホットバックアップの注意点

稼働中のシステムと同じコンピュータでバックアップ処理が動作するため、バックアップ処理がシステムの性能に影響を与える可能性があります。特に、大量のデータを保存するときには、システムの応答が遅くなる可能性があります。

また、稼働中のシステムは、バックアップ中にデータを変更される可能性があるため、データの整合性を確保するには少し工夫が必要です。このときに使われるのが、スナップショットやトランザクションログといった技術です。

ホットバックアップで整合性を確保するための技術

スナップショット

システムのある時点での状態をキャプチャする（取り込む）技術です。スナップショットは、実際のデータをコピーするのではありません。「実際のデータを参照するためのデータ」だけを保存するため効率がよく、システムの性能に与える影響を最小限に抑えられます。詳しくは次の項で解説します。

トランザクションログ

データベースの変更履歴が記録されているものです。データベースのホットバックアップを実行した後でトランザクションログを使うことで、バックアップ中に発生した変更も含めて最新のデータを復元できます。詳しくは第5章で解説します。

こういった複数の技術を組み合わせてバックアップを取得するため、その管理は複雑です。データベースやアプリケーションの種類に応じて、バックアップに使うツールを選択し、設定を見直す必要があります。

スナップショット

日常の何気ない瞬間を切り取った写真を「スナップ写真」と呼ぶことがあります。これは、撮影される側が準備して撮影された「ポートレート写真」と比べて、素早く撮影されたものを指します。

同じように、バックアップにおけるスナップショットは、ある時点のデータを素早く切り出したものを指します。データそのものをコピーすると時間がかかるため、ストレージに格納されているデータを参照したものだけを保持し、実際のデータはコピーしないのが特徴です（図3-4）。

図3-4 バックアップとスナップショットの違いのイメージ

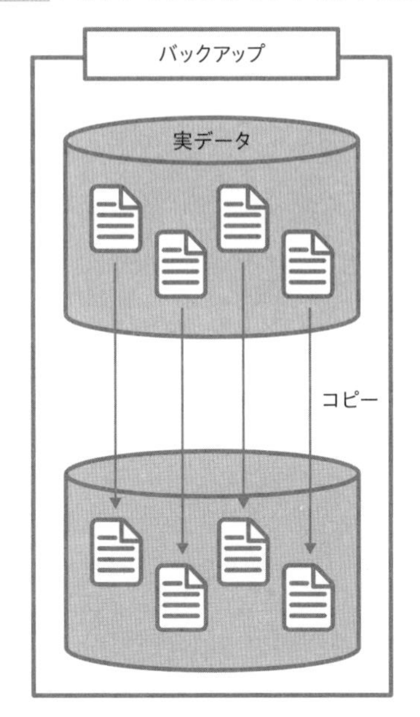

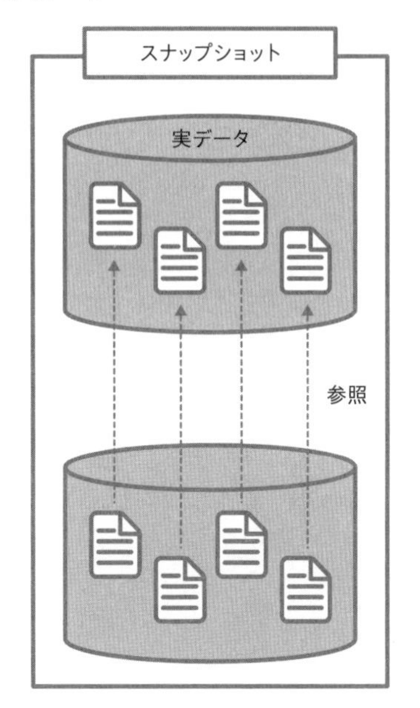

この参照の仕組みは、インターネット上での「リンク」をイメージするとよいでしょう。ファイルをコピーせず、リンクを張るだけであれば、データ量は非常に少ないため短時間で作成できます。ただし、ディスクが故障して実際のデータが失われたりすると、データを保持しているわけではないため、スナップショットとして取得したはずのデータも失われます。

スナップショットのメリットと活用場面

一般的なバックアップは、ファイルやディスク全体の完全なコピーを作成しますが、それだけストレージを多く消費します。一方、スナップショットであれば、コピーしないのでデータの重複を避けられ、ストレージを効率よく使えます。また、ディスクの読み込みや書き込みといった負荷が少なく、性能への影響が小さいというメリットもあります。

バックアップからリストアするとき、一般的には全体をコピーする必要があります。しかし、スナップショットから復元する際は、特定の時点を指定して、その状態の参照先である実データに切り替えるだけです。

こうした特徴から、スナップショットを使う目的として、利用者による誤操作などで失われたデータの復元が挙げられます。変更前のデータへの参照が記録されていれば、すぐに復元できます。

スナップショットを支える仕組み

このような仕組みを実現するには、新しいデータが作成されたり、上書きされたりして変更されたときに、その更新前後のデータをストレージ上でどのように管理するのかを考えなければなりません。

一般に、ストレージ上でのデータは「ブロックデータ」と「メタデータ」に分けて管理されており、実データはブロックデータとして記録されています。そして、その実データが記録されている位置などの情報がメタデータとして記録されています。これらをもとにスナップショットを実現する方法として、**コピー・オン・ライト方式**や**リダイレクト・オン・ライト方式**があります（図3-5）。

コピー・オン・ライト（Copy-on-Write）方式

名前のとおり「書き込むときにコピーする」方法です。新しいデータが書き込まれるまでは既存のデータをコピーせず、新しいデータが書き込まれるときに、元のデータを新しい場所にコピーします。

リダイレクト・オン・ライト（Redirect-on-Write）方式

名前のとおり「書き込むときにリダイレクトする」方法です。新しいデータが書き込まれたときに、ブロックデータに追記をして、メタデータの指し示す先を変更します。

図3-5 スナップショットの方式の比較

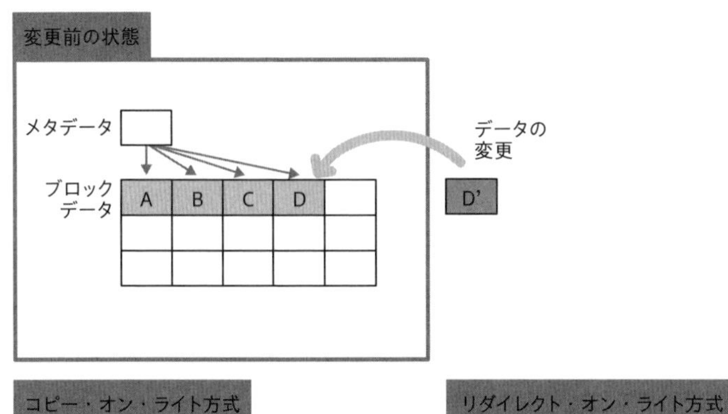

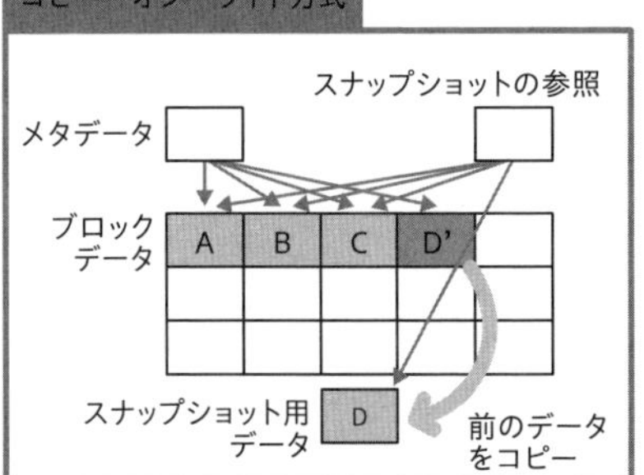

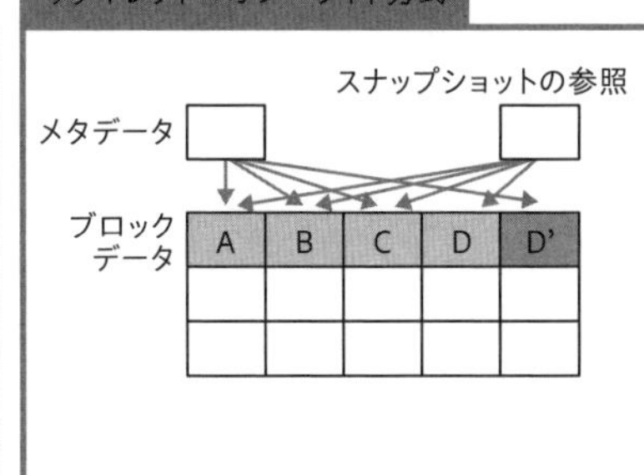

MEMO クローン(スプリット・ミラー)方式

特殊な実装方法として「クローン（スプリット・ミラー)」という方式があります。これは普段から同じ内容を記録したディスクを複数用意しておき、スナップショットのタイミングで1つを切り離す方法です。常にデータをコピーしているため、他のディスクが故障してもスナップショットからデータを読み出すことができます。ただし、スナップショットを作成するたびにディスクが必要になるため、何世代もスナップショットを作成するのは難しくなります。

レプリケーション

ホットバックアップを実現する方法は、スナップショットだけではありません。他の機器や遠隔地に同じ内容の構成を複製する**レプリケーション**という技術があります。

第1章では、レプリケーションの方法として「同期レプリケーション」と「非同期レプリケーション」があることを解説しました。これらについても、OSを含めたレベルでのレプリケーションと、データベースサーバーなどミドルウェアのレベルでのレプリケーションが考えられます。

レプリケーションのメリットと活用場面

レプリケーションは、ある環境において、登録や更新、削除といった操作が行われたときに、そのデータを他の環境にも反映する技術です。リアルタイムにデータを複製するため、同じデータを持つ環境を複数用意できます。これにより、本番環境で障害などが発生しても、待機環境に切り替えて使えます（図3-6）。

さらに、複数のサーバーを同時に動作させ、負荷分散装置などで切り替えてアクセスさせることで、特定のサーバーへの負荷を抑える目的で使われることもあります。

図3-6 レプリケーション

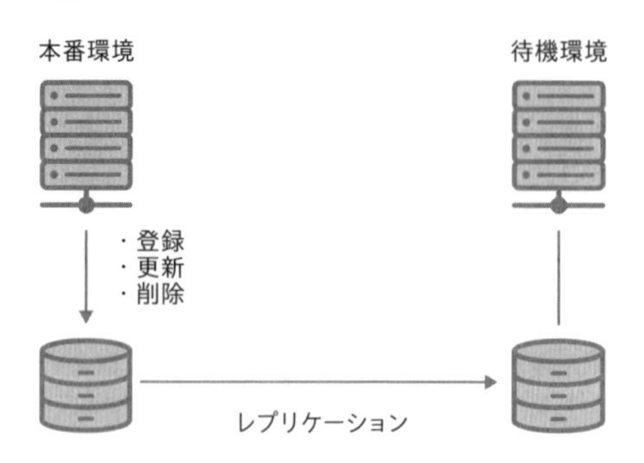

3-2 RAIDによる処理速度の向上と冗長性の確保

役立つのはこんなとき

- データを1つの場所に書き込むだけで、自動的に複数の場所に書き込む仕組みを知りたい
- データの信頼性を確保する仕組みを知りたい

処理速度とバックアップ

コンピュータに使われている機器の処理速度を比較すると、一般に 図3-7 のような順になっています。つまり、内部ストレージや外部ストレージはコンピュータのCPUやメモリが高速に処理するにあたってのネックになっており、この部分を高速化できれば、コンピュータ全体として処理を高速化できます。

図3-7 処理速度の違い

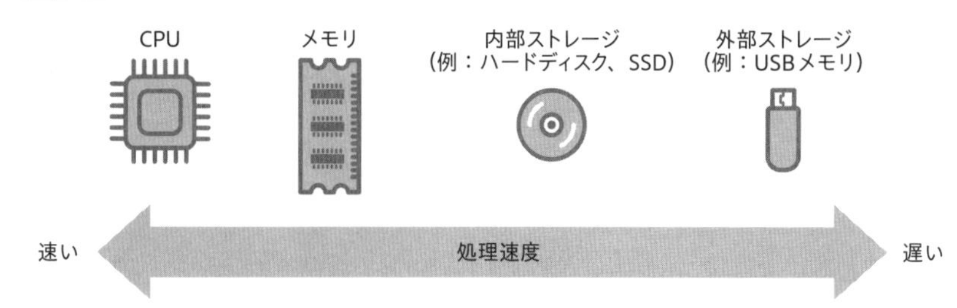

一方で、バックアップを取得するときは、コンピュータの処理速度だけでなく、機器が故障するリスクを考慮しなければなりません。たとえば、ハードディスクは磁気ディスクが高速に回転することで読み書きを実現しており、その仕組

み上、比較的故障の多い機器です。ハードディスクに故障が発生すると、そこに記録されたデータを読み出せなくなってしまいます。

そこで、複数のハードディスクやSSDなど（以下、ディスク）を1つの機器に入れた1つのストレージとして構築することを考えます。処理速度を向上することに加え、ディスクが1台壊れてもデータを保護することが目的になります。

複数のディスクで1つのシステムを構築する

複数のディスクを組み合わせて1つのシステムとして構築する技術に**RAID（Redundant Array of Independent Disks）**があります。RAIDを使うことで、データの冗長性を確保するとともに、性能を向上させることができます。

RAIDはバックアップを目的としたものではありません。あくまでも、ディスクに障害が発生したときの停止時間を短くしてシステムの可用性を向上したり、ストレージの性能を向上したりするための技術です。しかし、RAIDにはよく使われるものだけでも **表3-1** のような種類があります。それぞれの用途に応じて使い分けられており、結果的にバックアップの用途が含まれることがあります。

表3-1 よく使われるRAIDの種類

種類	用途	速度	耐障害性
RAID 0	データへの高速なアクセスが求められる場合	◎	×
RAID 1	ディスクの故障に対してデータの保護が求められる場合	×	○
RAID 5	高い信頼性と容量効率の両方が求められる場合	○	○
RAID 6	非常に高い信頼性が求められる場合	△	◎
RAID 10 (1+0)	大規模なデータベースなど高速性と信頼性が両方とも求められる場合	○	◎

RAIDの比較

それぞれのRAID技術でどのようにデータを書き込むのか、また必要なディスクの数について解説していきます。

RAID 0

ストライピングとも呼ばれ、書き込みたいファイルを分割し、それぞれのデータを複数のディスクに分散して書き込む方法です（図3-8）。1台のディスクに書き込むデータの量が少なくなるため、読み書きの性能が向上します。ただし、冗長性は確保されておらず、いずれか1台のディスクが故障するだけですべてのデータが失われます。

図3-8 RAID 0

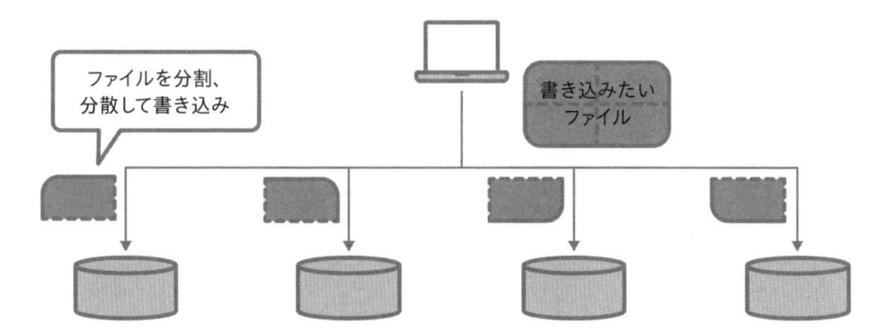

単純に計算すると、2台のディスクを用意したとき、それぞれのディスクに書き込むデータの量は半分になり、読み書きの速度は2倍になります。3台用意すれば3倍、5台用意すると5倍になります。実際にはこれほど単純には計算できませんが、台数を増やすことで、読み書きの高速化が見込めます。

このため、ビデオ編集やゲームの他、キャッシュなど高速なデータアクセスが求められる場面では有効です。また、複数のディスクをまとめて使うことで、小容量のストレージを効率よく利用できます。

なお前述のとおり、冗長性が確保されていないため、ディスクに故障が発生したときのデータ損失リスクが高いというデメリットがあります。

RAID 1

ミラーリングとも呼ばれ、1つのデータを2台以上のディスクに複製して書き込む方法です（図3-9）。いずれかのディスクが故障しても、同じデータが他のディスクにも存在するため安全です。また、いずれかのディスクが故障しても、故障したディスクを交換するだけでRAIDを再構築できます。

図3-9 RAID 1

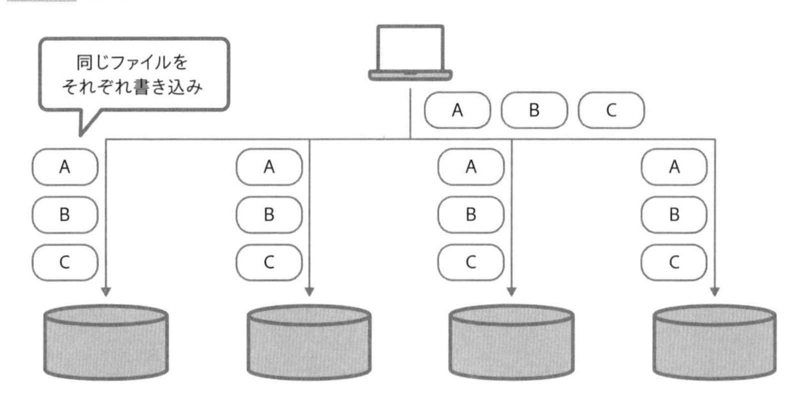

ただし、同じデータを二重で持つため、2台のディスクであれば確保したストレージ容量の半分しかデータを書き込めません。3台、4台とディスクの数を増やしても、保存できる容量は増えません。また、最低でも2台のディスクが必要なため、ストレージにかけるコストが高いことがデメリットです。

それでも、多くのNASではRAID 1をサポートしていることや、企業のサーバー環境では重要なデータを保護する必要があり、バックアップの手法として多く使われています。

RAID 5

データの内容に加え、**パリティ**と呼ばれる情報を付加したものを複数のディスクに分散して保存する方法です。パリティは、記録したデータにノイズなどのエラーがないかを検出するために追加する情報です。

たとえば、2進数の「1010」というデータを保存したいとします。このデータに含まれる「1」の数は2個なので偶数個です。このように1が偶数個であれば「0」を、1が奇数個であれば「1」をパリティとして追加します。

上記の「1010」というデータであれば、「0」を追加して「10100」となります。また、「1011」というデータであれば、「1」が3個なのでパリティとして「1」を追加して「10111」となります。これにより、データに含まれる「1」の数は必ず偶数個になります。

パリティの計算とRAIDの再構築

実際には、「1」の個数を数えるというよりは、「排他的論理和（XOR)」という計算方法を使います。たとえば、AとBという値が与えられたとき、AとBの排他的論理和は 表3-2 のように計算されます。これをすべての数に対して適用することで、全体のパリティを求められます。

表3-2 排他的論理和

A	B	A XOR B
0	0	0
0	1	1
1	0	1
1	1	0

データを3つに分けて、それぞれの値から計算されるパリティを1つのディスクに保存すると、 図3-10 のようになります。

これにより、いずれか1台のディスクに故障が発生してデータが失われたとしても、パリティ情報を使ってRAIDを再構築できます。ただし、ディスク2台に故障が発生すると、RAIDの再構築はできず、データが失われます。

図3-10 パリティの保存

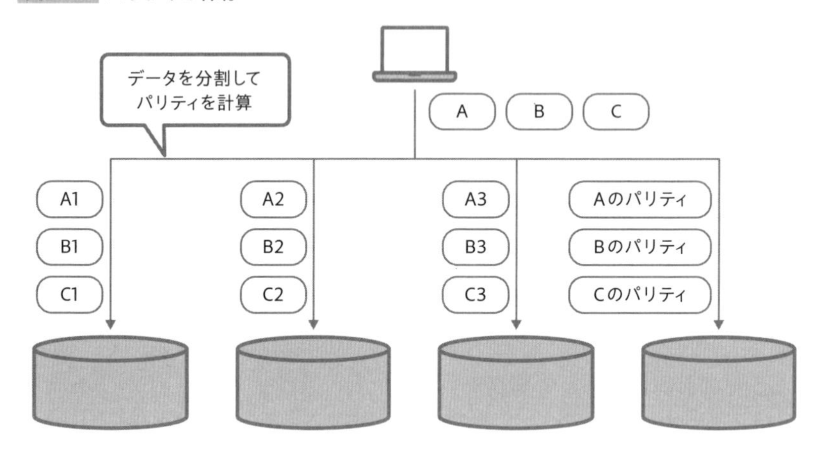

不便な「パリティ専用ディスク」（RAID 2〜RAID 4）

図3-10 の右端のように「パリティ専用」のディスクを用意する方法は**RAID 4**と呼ばれます。ただし、このRAID 4は一般的には使われていません。その理由として、この方法ではすべての書き込みにおいて必ずパリティ専用のディスクを使うことになり、性能があまりよくないためです。

たとえば、既存のデータを読み出して変更して書き込むことを考えると、既存のデータと新しいデータを比較してパリティを再計算します。データの一部が書き換えられた場合、必ずといってよいほどパリティは変更されます。一方で、データは分割されているため、他のディスクに格納されているデータは変わらないことがあります。

これにより、パリティ専用のディスクは負荷が高くなり、1つのディスクに集中することで全体として性能が低下してしまいます。同様に、RAID 2やRAID 3といった技術も、性能やコストの面で現実的ではないため、一般的には使われていません。

パリティの書き込み先を分ける「RAID 5」

このような問題を解消する方法として、パリティを書き込むディスクを変える**RAID 5**があります。パリティの計算はRAID 4と同じです（**図3-11**）。

図3-11 RAID 5

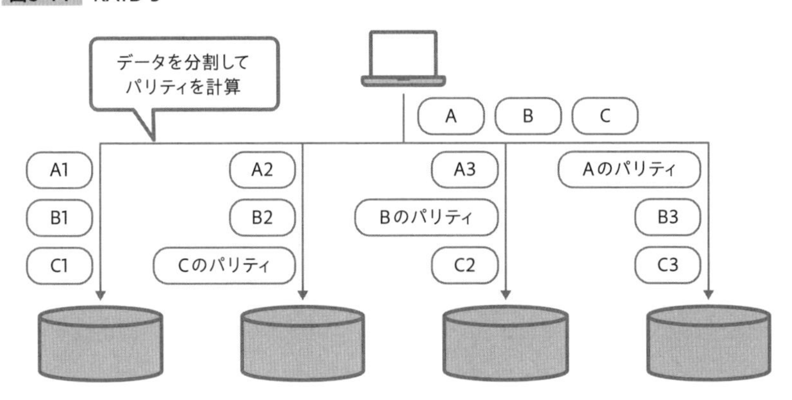

パリティの効果は同じで、いずれか1台のディスクに故障が発生してデータが失われたとしても、パリティ情報を使ってRAIDを再構築できます。RAID 5を構成するには、最低でも3つのディスクが必要で、台数が多いほどストレージ容量の効率はよくなります。一般に、N台のディスクを用意すると、RAID 5の容量効率は$\frac{N-1}{N}$となります。

ただし、パリティの計算が必要なため、書き込みの性能はRAID 0よりも若干低下します。

RAID 6

RAID 5を拡張して、2つのパリティ情報を保持する方法です（**図3-12**）。1つは前述の排他的論理和を使って計算する方法を用い、もう1つは「リード・ソロモン符号」を使います。

リード・ソロモン符号は、QRコードやCD、DVDなどにも使われている技術で、割り算のあまりを使ってパリティを計算します。ここでは詳細は省きますが、この2種類のパリティを使うことで、同時に2つのディスクが故障してもRAIDを再構築できます。

図3-12 RAID 6

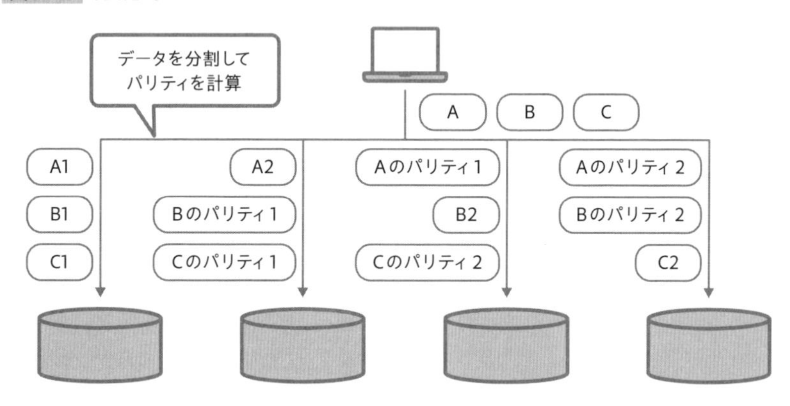

ただし、パリティの計算が複雑になるので負荷が増え、RAID 5よりも書き込みの性能が低下するというデメリットがあります。また、最低でも4台以上のディスクが必要です。一般に、N台のディスクを用意すると、RAID 6の容量効率は$\frac{N-2}{N}$となります。最近ではトリプルパリティと呼ばれる方法も登場しています。この場合は、3台が同時に故障しても問題ありません。

なお、RAID 5やRAID 6で使われるようなパリティの仕組みは**イレージャーコーディング（Erasure Coding；消失訂正符号）**と呼ばれることもあります。

RAID 10（1+0）

RAID 1（ミラーリング）とRAID 0（ストライピング）を組み合わせた方法で、まずはデータをミラーリングし、その後ストライピングします（図3-13）。これにより、読み込みや書き込みの性能を確保するとともに、冗長性を高めています。

図3-13 RAID 10

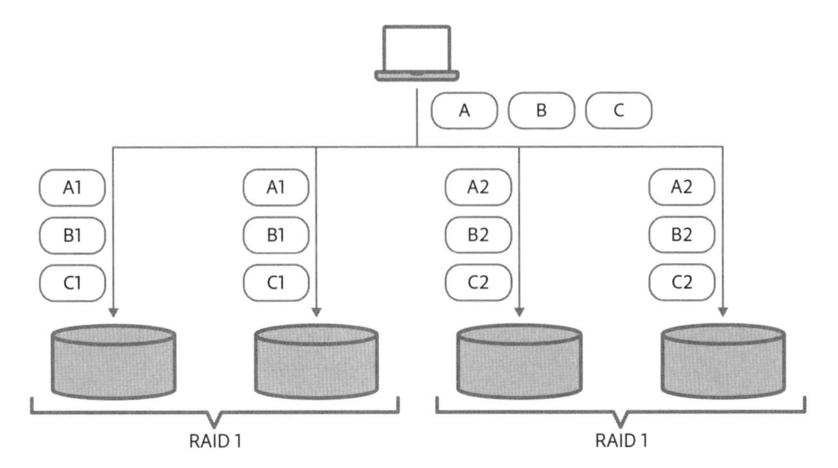

ミラーリングするため、ストレージ容量の面ではあまり効率的ではありませんし、コストもかかります。それでも、性能と冗長性が求められるデータベースサーバーのような機器では導入されています。

なお、逆にデータをストライピングしてからミラーリングしたものは、RAID 0とRAID 1を組み合わせたものなので、**RAID 0+1**といいます。

ディスクの故障への対応

ホットスワップとホットスペア

RAIDを使っている理由は、ディスクに故障が発生してもデータが失われることなく、稼働を続けられるからです。ただし、故障したままの状態で運用を続けていると、他のディスクが故障したときにデータが失われてしまいます。

そこで、故障が発生したときの対応として、**ホットスワップ**や**ホットスペア**という機能が用意されています（表3-3）。

表3-3 ホットスワップとホットスペア

機能	概要
ホットスワップ（ホットプラグ）	システムの稼働中に、故障したハードディスクを取り出して交換する方法
ホットスペア（ホットスタンバイ）	障害が発生したときに、予備のハードディスクを使ってRAIDを再構築する方法

ホットスワップやホットスペアを使うと、サーバーを停止することなくディスクの交換ができます。また、故障以外でも、ディスクを追加したときに、ディスク間のデータ量の偏りを少なくするための調整に用いられることもあります。

リビルド

上記のように、RAIDで構成されたシステムでディスクの交換や追加が発生したときに再構築することを**リビルド**といいます（図3-14）。ディスクの容量が大きくなっている現代では、このリビルドに長い時間がかかることは珍しくありません。また、高い負荷がかかるため、リビルドの最中はシステムの性能が低下することもあります。

図3-14 リビルド

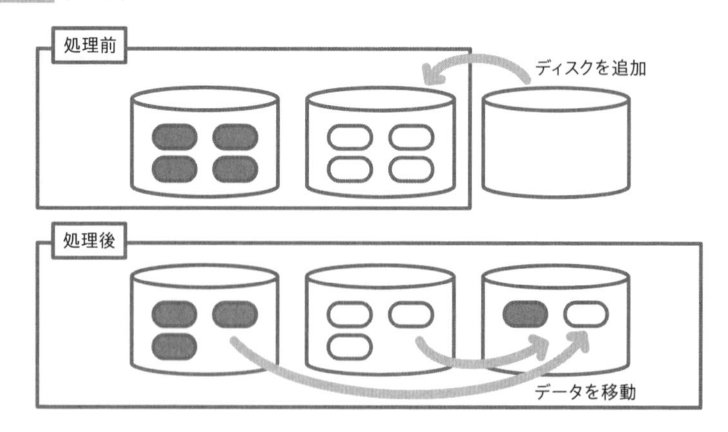

ハードウェアRAIDとソフトウェアRAID

RAIDを実現するとき、**ハードウェアRAID**と**ソフトウェアRAID**という考え方があります。

ハードウェアRAIDは専用のハードウェアに複数のディスクを接続する方法で、システムからは単独のストレージのように見えます。このため、OSやアプリケーションの設定を変える必要はありません。

一方のソフトウェアRAIDは、OSなどのソフトウェアが複数のディスクをまとめて管理する方法です。安価に実現できますが、OSの起動後にしか使えないことや、システムのCPUを使用するというデメリットがあります。

ハードウェアRAIDの方が性能も高く、信頼性も高いことが多いため、一般によく使われます。ただし、少し試してみたいというのであれば、ソフトウェアRAIDも選択肢になるでしょう。

Windows 11でソフトウェアRAIDを実現する

Windows 11でソフトウェアRAIDを実現するには、「コントロールパネル」から「システムとセキュリティ」を選択し、「記憶域」にある「記憶域の管理」を選択します（図3-15）。

図3-15 記憶域の管理

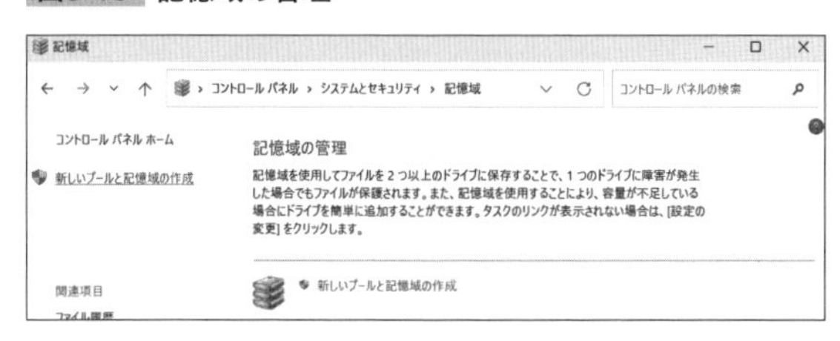

2つ以上のディスクが接続されていれば、「新しいプールと記憶域の作成」から、ウィザードに従って進めると、RAID 0やRAID1、RAID 5などのソフトウェアRAIDを構成できます。

3-3 バックアップの実装

役立つのはこんなとき

- バックアップを自動的に実行する方法や仕組みを知りたい
- バックアップの容量を減らしたい

タイマーやトリガーによる自動実行

バックアップを定期的に取得するためには、手作業ではなく自動的に実行することが重要です。一般的にはコンピュータのタイマーを使った自動実行が使われます。また、何らかの条件を満たしたときに起動するトリガーが使われることもあります。

Windowsのタスクスケジューラ

Windowsには**タスクスケジューラ**という機能が標準で用意されており、何らかの処理をタイマーやトリガーなどに応じて自動実行したいときによく使われます。これを使うことで、「毎日同じ時間にバックアップを実行する」「コンピュータを起動したときに何らかの処理を実行する」といった自動実行の設定ができます。

タスクスケジューラの設定

タスクスケジューラを起動するには、Windowsのスタートボタンを右クリックし、「コンピュータの管理」を開きます。すると、図3-16 のような画面が表示されます。画面の左側にある「システムツール」の中にある「タスクスケジューラ」を開くと、現在設定されているタスクの一覧が表示されます。画面の右側ではタスクの作成やインポート、実行、終了、無効化、といった操作ができるようになっています。

図3-16 タスクスケジューラ

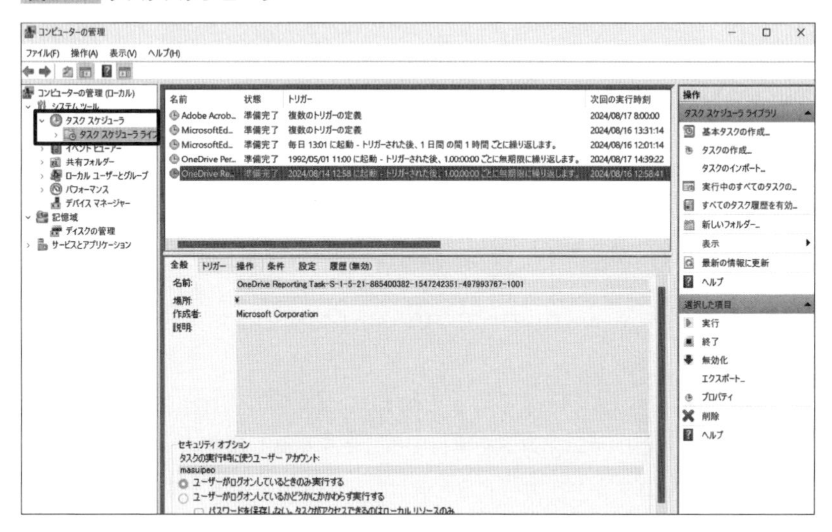

新しいタスクを作成するには、「基本タスクの作成」を選び、実行する時刻やコマンドなどを指定するウィザード画面を表示します。ここでバックアップのコマンドを指定することで、任意のタイミングでバックアップを実行できます。「タスクの作成」を選ぶと、もう少し詳しい条件を指定して作成できます。

タスクを作成すると、作成したタスクが 図3-16 の画面の中央に表示され、内容を確認できます。また、表示されているタスクを選択すると、過去の実行履歴を見られるので、正しく実行されているかを定期的にチェックするとよいでしょう。もちろん、バックアップの処理で実行ログを出力しておくことで、その結果を確認することもできます。

cron

UNIX系のOSでは、第2章でも少し紹介したcronというツールが使われます。cronでは、cronデーモンというプログラムが、「/etc/crontab」というファイルや「crontab -e」というコマンドで作成されたファイルを1分ごとにチェックしており、このファイルに書かれている条件と一致したときに処理が実行されます。

「crontab -e」を使う場合は、実行するタイミングについての条件と、実行したいコマンドを 図3-17 のように並べて指定します。

図3-17 「crontab -e」での指定方法

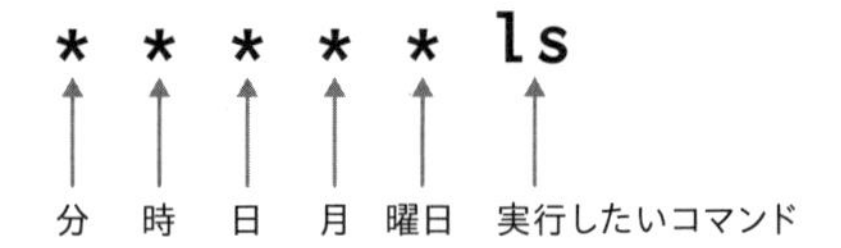

この「*」はすべてに該当することを意味し、 図3-17 のように指定すると、1分ごとに「ls」というコマンドを実行することを意味します。

毎時0分にlsコマンドを実行するときは、次のように書きます。

```
0 * * * * ls
```

同様に、毎日10時30分にlsコマンドを実行するときは、次のように書きます。

```
30 10 * * * ls
```

これを使って、バックアップを実行するコマンドを指定することで、OSが起動していれば好きなタイミングでバックアップを取得できます。

アプリケーションで自動保存する

WordやExcelといったオフィスソフトでは、利用者の操作によってファイルの内容が変更されたときに、別の場所に自動的に保存しておく「自動保存機能」を備えています。このような機能が用意されていると、利用者は何も意識せずにバックアップを取得できて便利です。

自動保存機能をアプリケーションが実装するとき、さまざまな方法が使われます。よく使われるのは一定の間隔で自動的に保存する方法です。1分ごと、5分ごと、1時間ごとのように定期的に保存することで、その間に利用者が操作して変更が加えられた内容を保存できます。たとえば、WordやExcelでは設定画面で自動保存の間隔を指定できます（図3-18）。

図3-18 Wordでの自動保存の設定

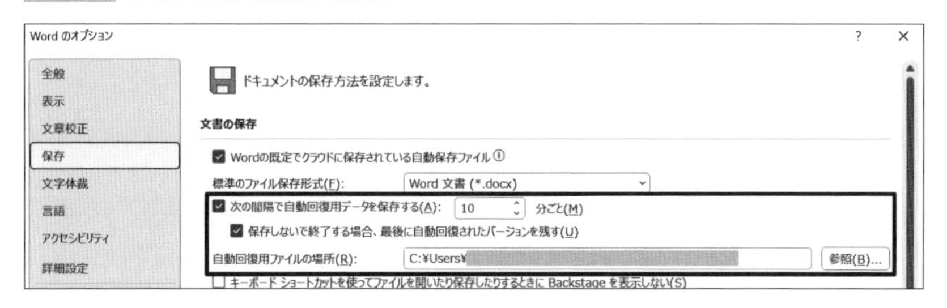

一定期間操作がないときに保存する方法もあります。キーボードから文字を入力している最中はデータが常に変わり続けていると想定できるため、その間に保存するよりも、変更がひと段落したときに保存するとよさそうです。この場合は、キー入力やマウス操作の有無を監視しておき、数秒間操作がなかった段階で保存します。

自動保存機能のメリット

自動保存機能は、利用者が操作することなく処理されるため、利用者は作業を中断することなくデータを保存できます。利用者としては、最新のデータが常に保存されているという安心感を持って作業できるメリットがあります。

なお、自動保存によって作成されたデータは、本来のファイルとは別に、回復用として保存されています。そのため、利用者が手動で保存するのを忘れた場合や、突然の停電によりシステムが停止したときなどに、最新の自動保存データが復元に使われます。

自動保存機能の注意点

あくまでも回復用のバックアップであるため、利用者が間違えて変更してしまった場合に使える手段ではないことに注意が必要です。自動保存されるたびに回復用のデータは上書きされるため、誤って変更した際に元のデータに戻すのは困難です。

また、上書きではなく別のファイルに保存すると自動保存によって頻繁にデータが保存されるため、一時ファイルやバックアップファイルが増加することで、ディスクの容量を圧迫する可能性があります。

重複排除

企業などの組織では、同じファイルを複数人で共有し、それぞれの利用者が手元にファイルを保存しています。つまり、同じファイルが複数の場所に保存されています。たとえば、メールを送信するときに複数の宛先を「CC」に指定していると、社内の複数の人に同じメールが届き、それが各自の手元にある状態になります。

こういったデータを組織としてバックアップするとき、重複しているデータを除去することができれば、ストレージにかかるコストを削減できます。また、重複データが減ることでバックアップにかかる時間を短縮できますし、転送するデータが減ることでネットワークを効率よく使用できます。

これを実現する技術として**重複排除（重複除外）**があります。英語ではDeduplicationということから、**デデュプリケーション**や**デデュープ**とも呼ばれます。これは、同じデータは一度だけ保存するものとし、他の場所に同じデータを保存するときはその場所を参照することで、データの重複を排除する技術です（図3-19）。

図3-19 重複排除

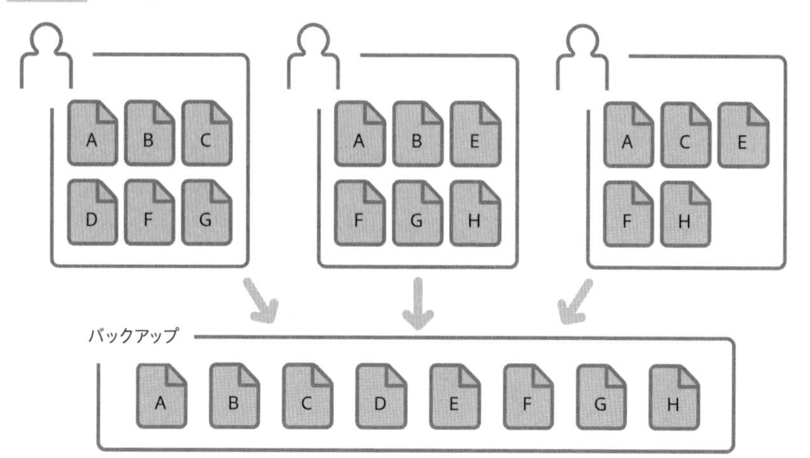

重複排除は上記のメリットがある一方で、重複したデータを調べるためにCPUやメモリを多く消費します。また、排除したデータをリストアするときは、通常のリストアよりも複雑な処理になります。

それでも、企業などの組織では多くのファイルが重複しているため、重複排除は重要な技術です。同じデータが重複しているかを判定する方法は2つあり、1つはファイル単位で調べる方法、もう1つはブロック単位で調べる方法です。

ファイル単位での重複排除

コンピュータに保存されているファイル単位で、同じファイルが存在しないか調べる方法です。同じファイルであるかを判定するために、次のような方法が用いられます。

ハッシュ化

それぞれのファイルにハッシュ関数を適用し、出力されたハッシュ値を記録しておく方法です。ハッシュ関数は、次のような特徴がある関数です。

- 同じ入力内容からは、同じ出力が得られる
- 入力内容を少し変えると、出力が大きく変わる
- 同じ出力を得られる、異なる入力内容を探すのは難しい

つまり、同じハッシュ値を持つファイルは、同じファイルであると判断できます。

ファイルサイズなどでの比較

ファイルのサイズや作成日時、更新日時などのメタデータを比較する方法です。この方法では、ファイルの内容が異なっても、メタデータが同じであれば重複とみなすことがあります。

ブロック単位での重複排除

ファイル単位の方法はわかりやすい一方で、ファイル内のほとんどの部分が同じでも一部だけを書き換えると同じだと判断しません。つまり、少しだけ書き換えたファイルが保存されている場合には重複を排除できず、非効率です。

そこで、ファイルを小さなブロックに分割して、それぞれのブロック単位で同じ内容が存在しないかを調べる方法があります。複数のファイルで部分的に重複しているようなデータがあった場合も同じだと判断できるため、全体的にはファイル単位よりも効率よく排除できます。

差分抽出

差分バックアップや増分バックアップでは、以前に作成したバックアップのファイルと比較して、変更されたファイルのみをバックアップします。この変更されたファイルの抽出には、ファイルの変更日時やファイルシステムのメタデータを使う方法が考えられます。

変更日時を使う方法

ファイルの変更日時を使う場合、図3-20のようにして前回のバックアップから更新されたファイルを抽出します。

図3-20 差分の抽出

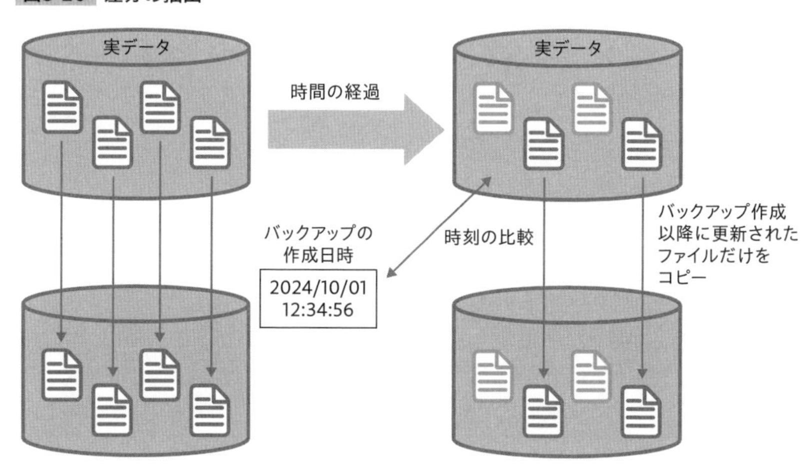

このような方法では、タイムスタンプが重要になります。コンピュータの内部での日付がおかしくなると、正しくバックアップできなくなってしまうため、正確な時刻で記録しなければなりません。そこで、NTP（Network Time Protocol）というプロトコルを使って、インターネット経由でコンピュータの時刻を最新に同期しておくなどの方法が使われます。

メタデータを使う方法

ツールによっては、ファイルが持つ「アーカイブ属性」という属性を使うこともあります。これは、更新されたデータをマークしておく属性で、Windowsではエクスプローラでファイルを右クリックして「プロパティ」を選択すると確認できます（図3-21）。

図3-21 アーカイブ属性

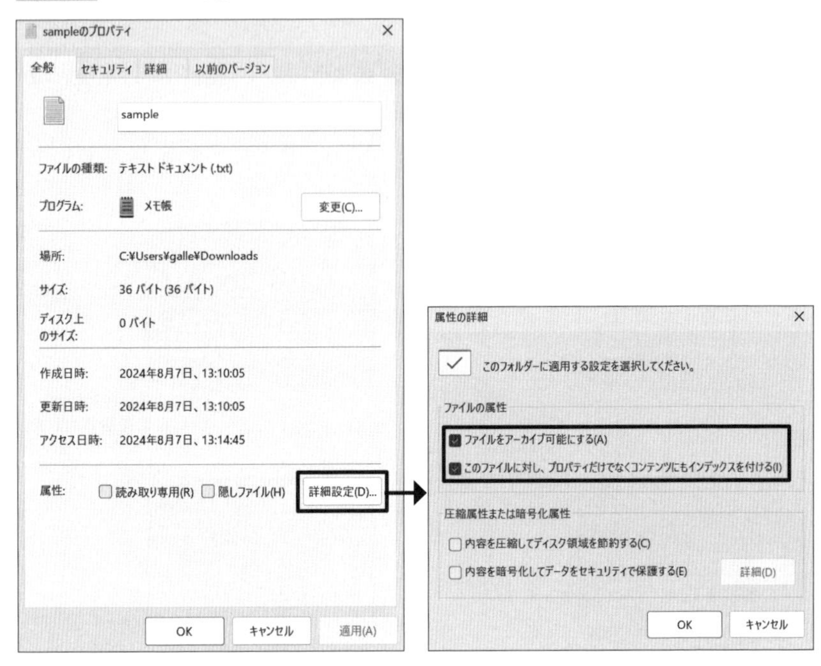

一般的なアプリケーションで作成したファイルには、「ファイルをアーカイブ可能にする」という属性が付いています。バックアップを取得したデータについてはこの属性を外すことで、効率よくファイルをバックアップできます。

バックアップに使われるプロトコル

バックアップは手元のコンピュータで外部ストレージなどに保存するだけでなく、遠隔地に保存することもあります。そういうときはネットワーク経由で保存できると便利です。

そのためには一般に、**ファイルサーバー**と呼ばれるサーバーが使われます。ファイルサーバーのソフトウェアはさまざまなメーカーが提供していますが、それぞれで使うプロトコルが異なると、それぞれに専用のソフトウェアが必要になってしまいます。そこで、各OSで汎用的に利用できるプロトコルが定められています。

たとえば、Windowsの**ネットワークドライブ**では**SMB（Server Message Block）**というプロトコルが使われます。これはMicrosoftが開発したプロトコルで、これをWindows以外でも使えるように拡張したプロトコルとして、**CIFS（Common Internet File System）**があります。CIFSをサポートしていれば、macOSやLinuxのパソコンやスマートフォンでもSMBを利用できるようになりました。

SMBもWindowsが新しくなるにつれて進化しており、執筆時点での最新バージョンはSMB 3.1.1です。いまは多くのOSがSMBとCIFSの両方に対応しており、**SMB/CIFS**と同じ扱いのように表現されることが増えています。一般的な利用者であれば、これらの違いを意識する必要はないでしょう。

また、UNIX系のOSにおけるファイル共有に長く使われてきたプロトコルとして、**NFS（Network File System）**があります。NFSもWindowsやmacOSなどに対応していることから、広く使われています。執筆時点ではNFS Version 4.2が最新で、RFC 7862というオープンな規格として定められています。このようにRFCで仕様が定められていれば、誰でもそのプロトコルを実装できます。

3-4 データの保全に使われる技術

役立つのはこんなとき

- バックアップを保存するときに使われる技術について知りたい
- アクセス権限の設定などセキュリティ対策をしたい

バックアップは、データの可用性を高めるために取得されるだけではありません。セキュリティでは、機密性、完全性、可用性のバランスが重要とされていますが、バックアップでも同様に、機密性と完全性は重要です。

ここでは、データの機密性と完全性を確保するために使われる、ストレージのフォーマットや圧縮、暗号化、アクセス制御といった技術について解説します。

ストレージのフォーマット

バックアップのストレージを作るときは、そのストレージをフォーマットするときの**ファイルシステム**（フォーマット形式）によって格納できるファイルの名前や容量が変わります。そこで、適切なファイルシステムを選ばなければなりません。

よく使用されるファイルシステム

よく使われるファイルシステムとして、次のようなものがあります。

FAT32

古くから使われているファイルシステムで、WindowsやmacOS、LinuxなどほぼすべてのOSで使えることが特徴です。1ファイルあたりのサイズが4GBまで、1つのパーティションのサイズが2TBまでといった制限があるため、大容量のファイルを保存したい場合には使えません。それでも、複数のOSでの互換性が求められるときや、古い機器ではいまだに使われています。

exFAT

FAT32の後継としてMicrosoftが開発したファイルシステムで、上記の制限が緩和されています。USBメモリや外付けのハードディスクなどの外部ストレージでは一般的に使われており、バックアップに向いているといえます。

NTFS

Windowsでよく使われているファイルシステムで、高速かつ信頼性が高く、大容量ファイルの取り扱いにも優れています。macOSでは読み取り専用でしか使えず、Linuxなどでも追加の設定が必要ですが、Windowsに特化した環境であればファイルやフォルダに対するアクセス制御など細かな権限管理ができることが特徴です。

APFS

macOSやiOS、iPadOSなどに向けてAppleが開発したファイルシステムです。特にSSDに最適化されており、高速に動作することに加え、ファイルシステム全体のスナップショットを作成でき、データのバックアップやリストアを容易に実行できます。

ext4

主にLinuxで使われるファイルシステムで、Linux環境のストレージとしては非常に信頼性が高いものの、他のOSとの互換性は低いのがデメリットです。

XFS

大容量のストレージを扱うのが得意なファイルシステムで、Linux系のサーバーで多く使われています。データの断片化を防ぐ機能があり、並列処理で高い性能を発揮します。

ファイルシステムの選び方

ストレージをフォーマットするときにはそれぞれのファイルシステムの特徴を把握し、適切なものを選ぶ必要があります。ここでは、バックアップとして選ぶときに考慮すべきポイントを解説します。

まずは使うOSやデバイスでの互換性を確認します。複数のOSを使っている場合は、広くサポートされているファイルシステムを選びます。さらに、扱うサイズのデータを格納できるかに注意しないといけません。大容量のファイルをバックアップするときは、FAT32のようなものは避けるべきです。

異なるOS間でファイルをコピーしたとき、文字コードが異なるとファイル名が文字化けして正しく表示されない場合があります。特に、日本語のひらがなやカタカナ、漢字、絵文字などを使ったファイル名では問題が起きやすいものです。

また、ファイル名の大文字と小文字の扱いにも注意が必要です。NTFSなど一部のファイルシステムでは、大文字と小文字を区別しませんが、ext4などのファイルシステムでは区別します。このため、大文字と小文字を区別するファイルシステムから、区別しないファイルシステムに移すとファイル名が重複する可能性があり、ファイルが上書きされたり、一方のファイルしかコピーされなかったりします。これにより、ファイルが失われてしまう可能性があります。

ファイルのアクセス権限（パーミッション）の設定方法もファイルシステムによって異なります。NTFSやext4であれば細かく設定できますが、FAT32やexFATでは同様の設定はできません。このため、バックアップ用にファイルをコピーしたときに、アクセス権限の設定が失われたり、意図しない権限が設定されたりすることがあります。

また、NTFSやext4など一部のファイルシステムには、**ジャーナリング**という機能があります。これは、停電などによる突然の電源断や、システムクラッシュが発生したときでもデータが保護される機能ですが、FAT32やexFATにはこのような機能がありません。

圧縮

データをバックアップしていると、元のデータ量よりも多くのストレージ容量が必要になります。たとえば、バックアップを毎週取得しており、1カ月分を世代として管理することを考えると、元のデータの4倍のストレージが必要です。

図3-22 バックアップに必要な容量

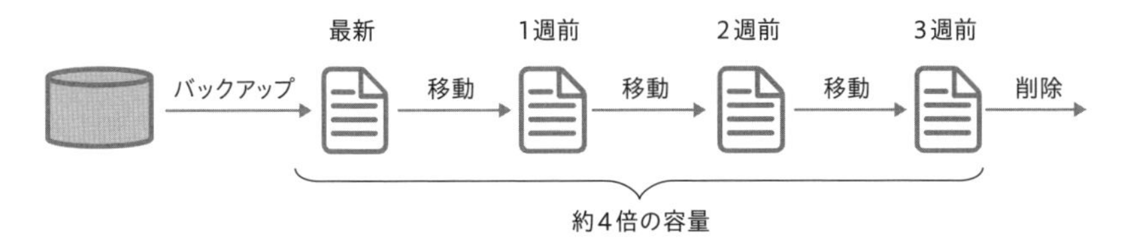

前述の3-2-1ルールで「3つのコピー」を取得することを考えると、さらに3倍のストレージ容量が必要です。そこで、データのサイズをできるだけ小さくすることを考えます。

圧縮の種類

データのサイズを減らすことを**圧縮**といい、圧縮したものを元に戻すことを**解凍**や**展開**といいます。データを圧縮することで、ストレージの容量を節約できるだけでなく、ネットワーク経由での転送を高速化し、転送にかかる時間を短縮できる可能性があります。圧縮や解凍の処理には時間がかかることがあり、バックアップにかかる時間が増える場合もありますが、圧縮は必須です。圧縮の方法には大きく分けて、**可逆圧縮**と**不可逆圧縮**の2種類があります。

可逆圧縮

圧縮したデータを解凍したとき、元のデータと完全に一致するような圧縮技術です。文書ファイルなど、データが変わってしまうと問題になるようなデータを圧縮するときに使われ、代表的なアルゴリズムとしてZIPに使われるDeflateや、LZMAなどがあります。

不可逆圧縮

データを圧縮するときに一部の情報を失う代わりに、高い圧縮率を実現する技術です。画像や音声、動画のように、圧縮しても人間にとっては大きな変化が感じられないようなデータで使われます。代表的なアルゴリズムとして、JPEGやMP3、H.264などがあります。

圧縮の仕組み

一般的に、バックアップしたデータは元に戻せる必要があるため、可逆圧縮が使われます。たとえば、圧縮の基本技術として、図3-23のような**ランレングス符号化（連長圧縮）**があります。これは、連続する同じ値を、そのデータの長さを使って表現することで圧縮する手法です。

図3-23 ランレングス符号化

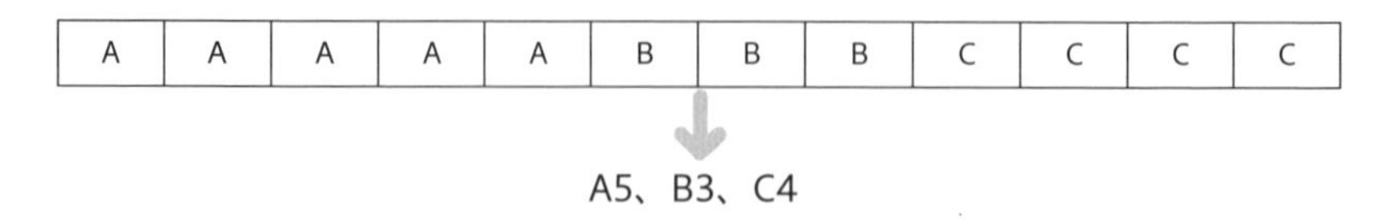

文章では同じ文字が続くことは少ないと考えるかもしれませんが、画像では同じ色が続きます。FAXのような白黒のデータをイメージするとよいでしょう。

実際にはもう少し高度なアルゴリズムが使われます。

このように、ストレージを占める容量をできるだけ少なくするためには、重複を排除したり、データを圧縮したりすることが有効です。

暗号化

一般的なファイルシステムでは、フォルダやファイルに対してアクセス権限を付与できます。しかし、CDやDVDなどのメディアにバックアップを作成すると、そのアクセス権限は解除されることが多いです。すると、機密データのバックアップに誰でもアクセスできてしまう危険性があります。

このため、バックアップを取得するときには、機密データを保護するためデータを暗号化し、パスワードなどを設定します。

2つの暗号方式

暗号化は、パスワードなどの秘密の値（鍵）を知っている人だけが、その中身がわかるように変換し、第三者が解読できないようにすることです。暗号化には、一般に**共通鍵暗号**と**公開鍵暗号**の2種類があります。

共通鍵暗号（対称鍵暗号）

暗号化と復号に同じ鍵を使う暗号方式です。代表的な共通鍵暗号のアルゴリズムとして、AESやDES、3DES、Blowfishなどがあります。

公開鍵暗号

公開鍵と秘密鍵のペアを使用してデータを暗号化および復号する方法です。代表的な公開鍵暗号アルゴリズムとして、RSA、ECC、DSAなどがあります。

よく使われる暗号化手法

BitLocker

暗号化技術を使ったツールとして、Windows 10以降に標準で搭載されているBitLockerがあり、内部ストレージや外部ストレージを暗号化できます。ドライブごとに暗号化の設定が必要で、設定に手間がかかることや、Windows以外のパソコンでは使えないというデメリットもあります。導入するには、「コントロールパネル」を開き、「システムとセキュリティ」にある「BitLockerドライブ暗号化」を開きます（図3-24）。

図3-24 コントロールパネルでBitLockerを設定する

暗号化機能付きの製品を利用する

暗号化機能付きのUSBメモリなどの外部ストレージを使う方法もあります。盗難や紛失に備えた機能とうたわれていることが多いですが、バックアップの用途でも使えます。多くの場合、パスワードで認証するツールが外部ストレージ側に用意されており、手軽に使えます。暗号化したデータを開くにはパスワードの入力が必要です。

暗号化のメリットとデメリット

データを暗号化すると、パスワードなどの鍵を知らない第三者が閲覧することを防げるため、機密性を確保できます。また、暗号化されたデータは改ざんされにくいため、データの整合性も確保できます。

一方で、暗号化や復号には計算が必要なため、負荷が増加し、システムの性能に影響を与える可能性があります。また、単純な鍵を設定したり、鍵が第三者に知られてしまったりすると、第三者が容易に突破でき、暗号化した意味がなくなります。このため、鍵の生成や配布、保管、更新に適切な管理が求められます。

アクセス制御

NTFSやext4などではアクセス権限を設定できることを紹介しましたが、許可された利用者だけがフォルダやファイルにアクセスできるようにするための仕組みを**アクセス制御**といいます。アクセス制御を実現するためには、識別、認証、認可、監査といった技術が使われています。

識別と認証

利用者が誰であるかを特定することを**識別**、その利用者が主張する身元を確認することを**認証**といいます。もう少し詳しく違いを見てみましょう。

識別は、名前やメールアドレス、ユーザーID、社員番号などの情報によって、他の利用者と異なることを主張することです。一意に特定できる情報があれば、利用者を識別できます。

ただし、利用者を識別できたとしても、実際の利用者が本人であるかはわかりません。対面であれば、免許証や社員証などによって本人であることを第三者が確認できますが、オンラインでは本人であることを確認するのは容易ではありません。

そこで身元を確認するために必要なのが認証で、具体的な方法として 表3-4 のようなものがあります。

表3-4 認証に使われる方法

方法	概要
パスワード認証	事前に設定したパスワードを使って認証する
生体認証	指紋や虹彩、顔などの**生体情報**を使って認証する
所有物認証	事前に配布したICカードなどを持っていることを使って認証する
2要素認証（2FA）	**記憶情報**[1]、生体情報、**所持情報**[2]の3つのうち2つを組み合わせて認証する
2段階認証	パスワードを入力した後で、追加でもう1段階の認証を要求する方法[3]

認証によって本人であることを確認できれば、それが正規の利用者であるかを判断できます。つまり、バックアップも含めて、重要なデータにアクセスするときには、識別や認証のステップを設けることが求められるのです。

認可

識別や認証によって、正規の利用者であることがわかっても、その人がデータにアクセスする権限を持っているとは限りません。たとえば、部署ごとにアクセスできる権限を設定していた場合には、他の部署の従業員がアクセスすることは認められません。なお、アクセス権限を設定するときには、事前に定義した職種や役職といった属性に応じて、権限を必要最小限にすることが基本で

1 パスワードが代表例。
2 ICカードやパソコンなどの持ち物のこと。
3 メールやSMS（ショートメッセージ）で送信した認証コードを入力する方法がよく使われている。

す。このような考え方を**最小権限の原則**といいます。

認証された利用者が、特定のデータにアクセスする権限を持っているかどうかを判断することを**認可**といいます。フォルダやファイルに対する認可を実現する方法として、次のようなものがあります。

アクセス制御リスト（ACL[4]）

それぞれのフォルダやファイルに対して、どの利用者がどのような操作（読み取り、書き込み、実行など）を許可されているかをリスト形式で管理します。

ロールベースアクセス制御（RBAC[5]）

利用者ごとに権限を割り当てるのではなく、部署や役職などの役割（ロール）を割り当て、その役割に対して権限を設定する方法です。管理を簡素化し、一貫性を保つことにつながります。

属性ベースアクセス制御（ABAC[6]）

同じ利用者でも、社内からアクセスするときと、社外からアクセスするときではアクセス権を変えたいことがあります。このように、ファイルの属性や環境の条件などによって、アクセス権を動的に変えるモデルです。

最近はテレワークが普及し、**ゼロトラスト**[7]という言葉が話題になりました。アクセス権限の設定場所や設定内容を柔軟に変更できるような技術が求められています。

---

4 Access Control List

5 Role Based Access Control

6 Attribute Based Access Control

7 セキュリティにおける考え方の1つで、「何も信用しない」という前提で対策を考えること。クラウドとテレワークの普及により、内部・社内／外部・社外で区別することが困難になったことで広まった。

監査

アクセス制御を実施していても、不正な第三者が他人のパスワードを使って勝手にログインするなどの攻撃を受ける可能性があります。もちろん、このような攻撃を防ぐために、さまざまな対策が実施されていますが、それでも被害をゼロにすることは難しいものです。

そこで、アクセス制御の適用状況を記録し、分析することが大切です。これを**監査**といいます。監査は、その企業が定めたセキュリティポリシーに遵守しているかを確認するとともに、不正アクセスなどの被害に遭っていないかを検出するために実施されます。

監査では、ログが重要な役割を担います。一般に、OSやアプリケーション、ハードウェアなどに対するさまざまな変更が実施された記録をログとして出力しています。これらを組み合わせて分析し、その行動を詳細に把握するために、時系列で記録したログを**監査ログ**といいます。システムが正しく運用されているか、適切に使用されているかを追跡することが目的で、法令遵守やコンプライアンスに関する要件を満たしているかを確認する証拠として使われることもあります。

バックアップにおいても、バックアップ処理そのものについてのログに加え、保存したバックアップ媒体のアクセスログなども記録しておく必要があります。さらに、監査ログそのもののバックアップも必要です。ログが失われると、調査そのものの信頼性が失われるため、ログ管理システムなどを導入し、改ざんなどの不正行為を防ぐことや、ログの可視化などによって正しく運用されていることを確認します。

第4章 世代管理

バックアップを取得するときは、最新のデータを管理するだけでなく、過去の履歴を保持しておくことも有効です。ただし、単純にすべてのデータに対していつまでも履歴を保持しておくのは容量の面で現実的ではありません。どのように世代管理を実現すればいいのか、バージョン管理する技術も含めて解説します。

4-1 過去のデータを管理する方法

役立つのはこんなとき

- 履歴から手軽にファイルを復元したい
- 長期間使わないファイルを残しておくときの注意点を知りたい

世代管理

世代管理の考え方と仕組み

業務で作成した文書ファイルなどのデータは、その業務内容ごとにフォルダで管理されることが一般的です。最新の内容を管理するときは便利な方法ですが、過去の変更履歴から特定の時点でのファイルを参照することを考えると、少し事情が変わってきます。

たとえば、システム開発の現場では、複数のファイルを変更しながら開発を進めます。途中で「前のバージョンに戻したい」という状況が発生すると、関連するファイルをすべて「あるタイミング」（特定の時点）に戻さなければなりません。

このような状況では、時系列で変更履歴が並んでいて、指定したタイミングのファイルに戻せる必要があります。データをある程度変更したときに、その時点でバックアップを取得しておくと、その状態に戻すことができます（図4-1）。

図4-1 時系列で並んでいる「あるタイミング」（特定の時点）に戻す

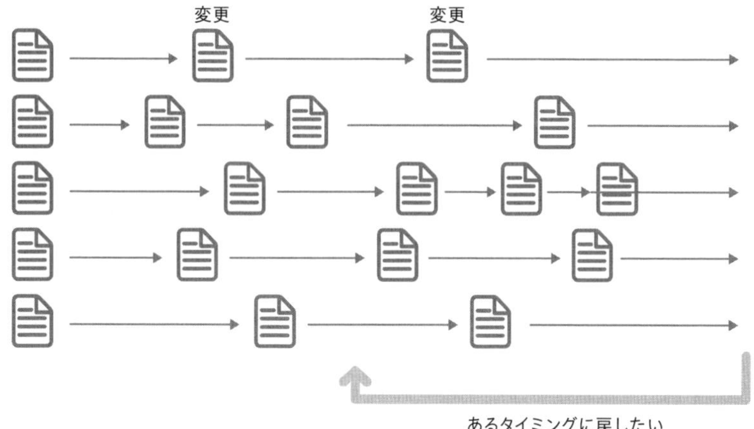

これを実現するためにはすべての履歴を保存するのではなく、「バージョン」としていくつかのファイルをまとめて保存しておきます。そして、前のバージョンに戻すために、いくつかのバージョンをバックアップとして作成・管理する手法を**世代管理**といいます（ 図4-2 ）。

図4-2 世代管理

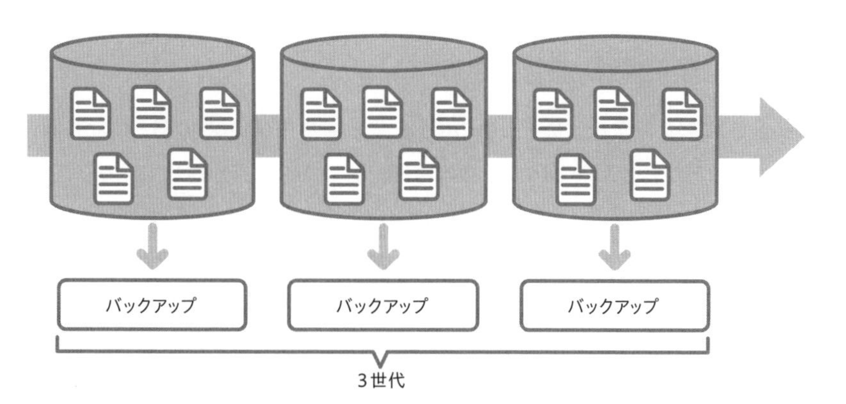

世代管理が必要な例

1つのファイルを少しずつ変更して、作業を進めることはよくあります。私が書いているこの本の原稿も、少し書き進めるたびに保存しています。ある程度書き進めた後で「昨日保存した文章の方がよかった」と思い、そのタイミングに戻したい場面もあります。

このように以前のバージョンに戻したいとき、さまざまな方法が考えられます。単純な方法として、毎回異なるファイル名で保存する手があります。ファイル名の末尾に日付や時刻を付けておけば、いつ保存したデータなのかわかりやすいでしょう。原稿の例でいえば、「原稿20250201」と「原稿20250202」のような名称で、昨日と今日のファイルを分けて保存するイメージです。

誤ってデータを削除してしまった、データを上書きしてしまった、アプリの不具合でデータの内容が壊れてしまったなどの事態が発生しても、過去の状態がいくつか残っていると、そのタイミングに合わせて復元することで、データの損失を最小限に抑えられます。

しかしこの方法は、頻繁に変更するときには面倒です。また、似たような中身のファイルが多くなり、どこを変更したのか把握するのもひと苦労ですし、ストレージの容量も消費します。複数人で作業を進める場合には、それらを統合する必要もあり、管理の仕方が難しくなります。

変更履歴をデータと一緒に記録する

そこで、1つのファイルにデータの中身と合わせて変更履歴を記録する方法があります。いつ、誰が、どのような内容に変更したのかを記録しておくと、戻したいタイミングのデータを選んで復元できます。

データを元に戻すのではなく、データの変更履歴を調べるのが目的でバックアップが使われることもあります。いつ、誰が、どのような変更をしたのかを記録しておくと、問題が発生した場合にその原因を調べられるのです。さらに、異なるバージョンを比較できると、どの部分を変更したのかを把握できます。変更の影響を調べるとき、差分を調べられるのは便利です。

ここでは、初心者でも使いやすい方法として、Windowsが標準で備える「Windowsバックアップ」を使った方法と、Windowsの「ファイル履歴」を使う方法、Wordなどのオフィスソフトなどが備える「変更履歴の記録」といった機能を使う方法について解説します。

さらに、次の項ではほとんど更新されないデータを移動して残す「アーカイブ」について解説します。

Windowsバックアップで世代管理する

Windows 11であれば、初期設定でOneDriveを使って同期する機能を有効にするように案内されます。これは、**Windowsバックアップ**という機能で、「ドキュメント」や「写真」「デスクトップ」といったフォルダに保存したデータを自動的にOneDriveに同期する機能です。利用者が意識することなくインターネット上のOneDriveに同期されることから、この機能に反対する意見もありますが、初心者にとっては便利な機能といえます。

Windowsバックアップで変更履歴を確認する

この機能が有効になっているかを確認するには、Windowsの「設定」から「アカウント」にある「Windowsバックアップ」を開きます（図4-3）。

図4-3 Windowsバックアップ

この画面で「OneDrive」の部分が「同期中」になっていると同期されています。同期されていない場合は、その下にある「OneDriveフォルダーを同期しています」と表示されている欄で、「同期の設定を管理する」というボタンを押すと、Microsoftアカウントでのログインが求められ、現在の状況を確認できます。同期したい場合フォルダを指定することもできます（図4-4）。

図4-4 同期するフォルダの指定

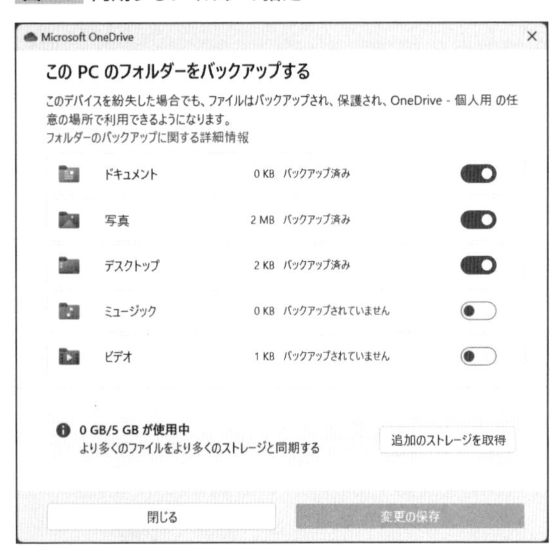

OneDriveの同期を有効にしておくと、エクスプローラでファイルを右クリックし、「OneDrive」→「バージョン履歴」とたどることで、そのファイルの履歴を確認できます（図4-5）。さらに、任意のタイミングを選んで復元することも可能です（図4-6）。

図4-5 OneDriveのバージョン履歴を確認する（右クリック）

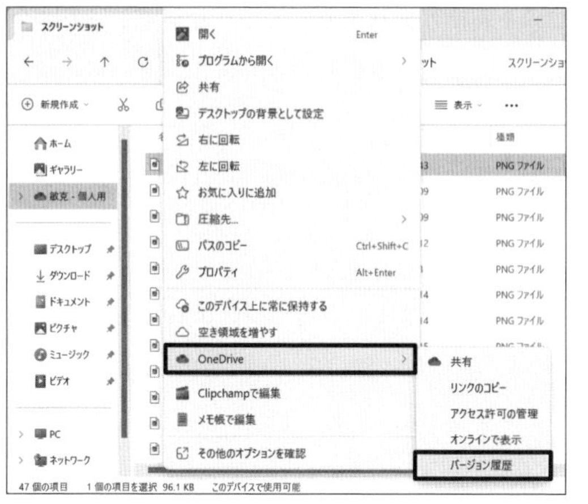

図4-6 バージョン履歴から復元する

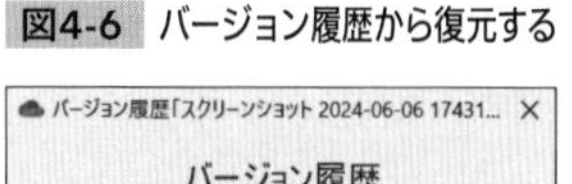

これは便利な機能ではありますが、無料で使えるOneDriveの容量が5GBであることから、多くの写真を保存しようとしたり、たくさんのファイルを「ドキュメント」や「デスクトップ」に保存したりすると、すぐに容量が不足してしまいます。有料プランを契約してOneDriveの容量を増やしてもよいですが、この機能を使わずに「ファイル履歴」を活用する方法もあります。

Windowsの「ファイル履歴」を使う

ファイル履歴はWindowsに標準で用意されている機能で、指定したフォルダのスナップショットを、外部ストレージやネットワーク上の場所に定期的に作成します。利用者がファイルを変更するたびに、その履歴をWindowsが自動的に作成しているため、必要に応じて過去のバージョンに戻すことができます。

これもOneDriveへの保存と同様にファイルの種類を問わないため、指定したフォルダに格納したファイルを変更すると、テキストファイルでも画像ファイルでも、あらゆる形式のファイルの変更履歴が作成されます。自動的に取得でき、かつ利用者が指定した間隔でバックアップとして使えるので便利です。

Windowsが標準で用意している機能であるため、簡単に設定できるだけでなく、復元の操作も直感的にできる長所があります。また、変更があったファイルのみをバックアップするため、ストレージを効率よく使えます。

ただし、ファイル履歴は標準では有効になっておらず、「コントロールパネル」から有効に設定する必要があります。

ファイル履歴の設定をする

Windows 11の場合、「コントロールパネル」から「システムとセキュリティ」を開き、「ファイル履歴」を選択すると、図4-7の画面が表示されます。

図4-7 ファイル履歴の設定

外部ストレージが接続されていないと、図4-7のように「使用可能なドライブが見つかりませんでした」というメッセージが表示されます。この場合は、ネットワーク上のドライブを選択するか、USB接続のハードディスクなどの外部ストレージを接続してください。接続した外部ストレージやネットワーク上のドライブを選択すると、ファイル履歴を有効にできます（図4-8）。

図4-8 ファイル履歴を有効にする

ファイル履歴
« システムとセキュリティ › ファイル履歴
コントロール パネルの検索
コントロール パネル ホーム
個人用ファイルの復元
ドライブの選択
除外するフォルダー
詳細設定
ファイルの履歴を保存する
ファイル履歴はファイルのコピーを保存しておくため、ファイルを紛失または破損した場合に復元することができます。
ファイル履歴はオンになっています
コピー元:　ライブラリ、デスクトップ、連絡先、およびお気に入り
コピー先:
SSD (D:)
残り 431 GB (全体 931 GB)
ファイルが最後にコピーされたのは 2024/08/14 10:46 です。
今すぐ実行
オフにする

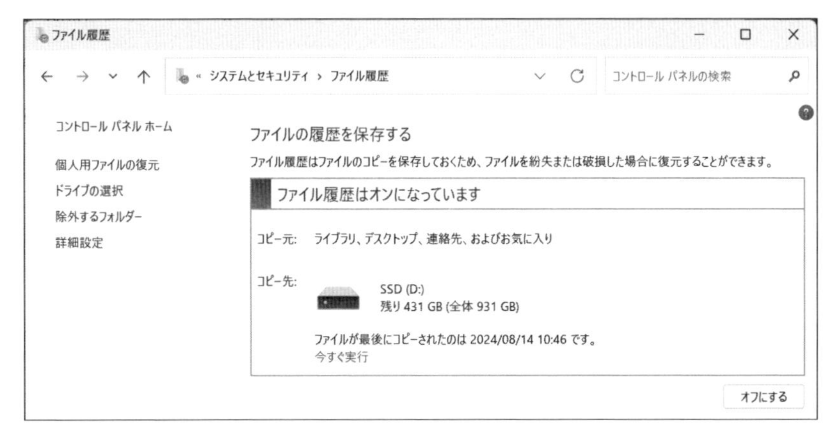

この画面で左のメニューから「詳細設定」を選択すると、バックアップを取得する頻度や保存期間などを設定できます（**図4-9**）。

図4-9 ファイル履歴の頻度や保存期間の設定

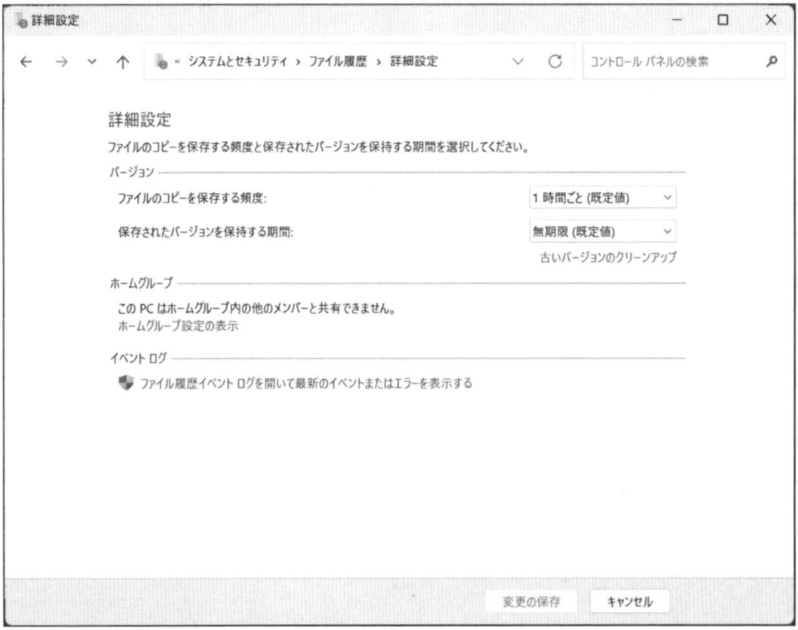

詳細設定
« システムとセキュリティ › ファイル履歴 › 詳細設定
コントロール パネルの検索
詳細設定
ファイルのコピーを保存する頻度と保存されたバージョンを保持する期間を選択してください。
バージョン
ファイルのコピーを保存する頻度:
1 時間ごと (既定値)
保存されたバージョンを保持する期間:
無期限 (既定値)
古いバージョンのクリーンアップ
ホームグループ
この PC はホームグループ内の他のメンバーと共有できません。
ホームグループ設定の表示
イベント ログ
ファイル履歴イベント ログを開いて最新のイベントまたはエラーを表示する
変更の保存
キャンセル

ファイル履歴から以前のバージョンを復元する

ファイル履歴が有効になっていると、保存するたびに履歴が記録されます。この履歴から元に戻したいときは、該当のフォルダやファイルを右クリックし、「以前のバージョンの復元」を選択します。すると、図4-10のように履歴の一覧が表示されます。

図4-10 ファイル履歴から復元する

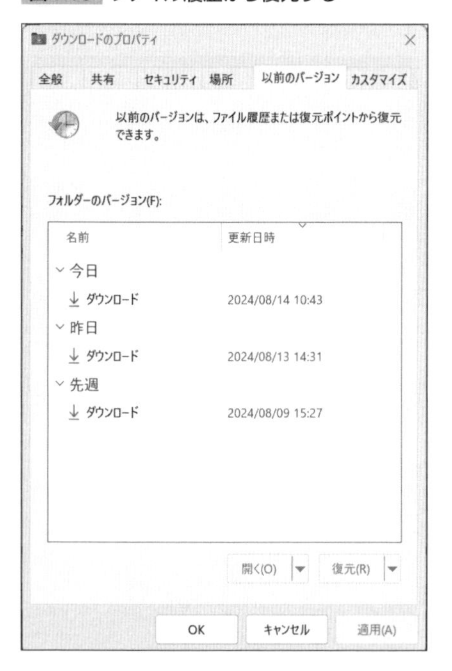

ここで表示された一覧の中から、復元したい日時を選択して、「復元」ボタンを押すと、指定したタイミングのデータに復元できます。

ファイルを指定して変更履歴から戻すため、ファイルを削除してしまうと復元できません。しかし、フォルダ単位で復元すると、以前削除したファイルも復元できます。

Wordで変更履歴を確認する

Windowsのファイル履歴のようなOSが備えている機能以外にも、アプリケーションが独自に履歴を記録する機能を備えていることがあります。代表的な例がWordです。ここでは2つの機能を紹介します。

校閲機能を使う

Wordでは、「校閲」というメニューの中に「変更履歴の記録」という機能が用意されています（**図4-11**）。

図4-11 Wordの「変更履歴の記録」

この機能を有効にすると、いつ、誰が、どこに変更を加えたのかを文書中に表示できます。変更内容を個別に選択すると、変更を承諾するか元に戻すかを選べます（**図4-12**）。

図4-12 変更履歴の承諾

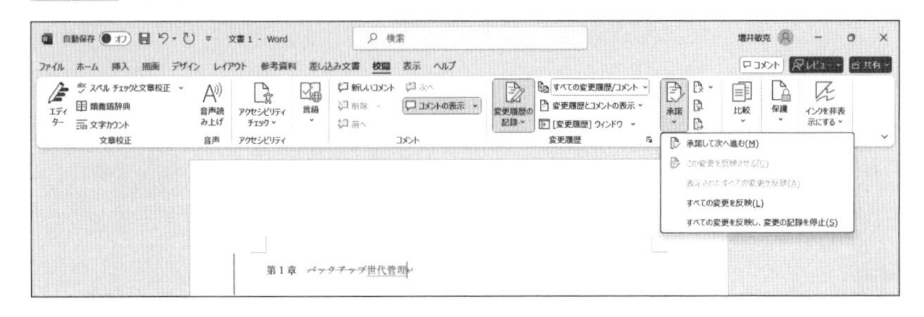

ただし、変更履歴を有効にするにはファイルごとに設定が必要で、そのファイルを編集する前に有効にしておかなければなりません。また、あくまでも1つのWordファイルの中に記録されているだけなので、ファイルを削除すると変更履歴が失われてしまいます。このため、バックアップとしては限定的な用途にしか使えません。

比較機能を使う

ファイルの変更部分を把握するもう1つの方法として、Wordには「比較」という機能が用意されています。これは、以前のバージョンのファイルを保存しているときに、複数のバージョンのファイルを比較してくれる機能です（図4-13）。「元の文書」と「変更された文書」としてそれぞれ異なるファイルを指定すると、それぞれのファイルを開いて比較し、どこが違うのかを表示してくれます（図4-14）。

図4-13 Wordの「比較」機能

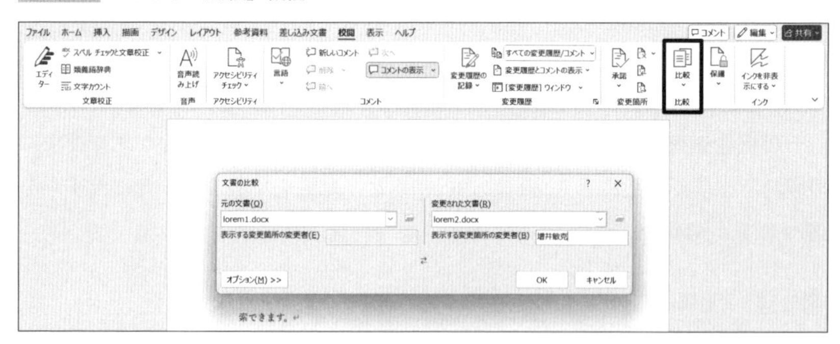

図4-14 比較結果の表示

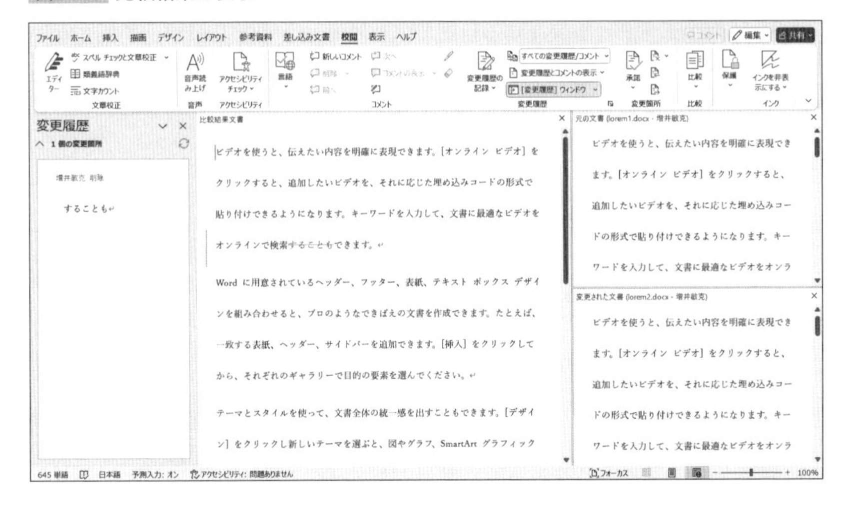

「比較」は複数人で同じファイルを編集したとき、誰がどこを編集したのかを把握する目的で使うことが多い機能で、手軽に確認できて便利です。

アーカイブ

アーカイブの考え方

頻繁に更新されるデータでは世代管理が重要ですが、ほとんど更新されない写真などであれば世代管理は必要なく、過去のデータが確実に残っていることが重要です。

このように、過去のデータを長期間にわたって保存する手法を**アーカイブ**といい、将来必要になる可能性のあるデータを安全に保存しておくために用います。代表的な例として、法的な要件を遵守することが挙げられます。第1章で解説したように、業務内容によっては、データを一定期間保存することが法的に義務付けられているためです。

また、頻繁にアクセスする必要のないデータであっても、将来的に参照する可能性があれば、それを保存する目的で使われることもあります。使用しないデータを定期的にアーカイブに移しておけば、普段利用するシステムの空き容量を多く確保することで性能を向上できるだけでなく、フォルダ管理などを簡素化できます。

保存期間と保存媒体を意識する

世代管理との保存期間の違い

一般に、世代管理ではデータの保存期間はそれほど長くありません。そもそもの目的が、データの変更履歴を記録しておき、必要に応じて特定のバージョンに戻すことなので、戻す可能性が低くなった一定期間後に削除しても問題ないことが多いのです。

世代管理の保存期間は、数週間から数カ月程度の期間を設定することが一般的です。その期間を過ぎたら履歴を削除することで、ストレージ容量を節約できます。また、期間ではなく世代数を指定して保存するような使い方もあります。たとえば、直近の3世代分だけ保存するのであれば、それ以前のデータは削除できます。

一方、アーカイブにおけるデータの保存期間は、数年から数十年といった長期間に及ぶのが一般的です。アーカイブの目的は、データを長期間保存し、将来的に必要になる可能性がある場合に備えることだからです。

たとえば、日本の首相官邸が作成した「デジタルアーカイブのための長期保存ガイドライン（2020年版）」[1]では、「具体的な長さは組織の使命によって異なるが、最低でも30年以上を想定する」と書かれています。

1 https://www.kantei.go.jp/jp/singi/titeki2/digitalarchive_suisiniinkai/pdf/guideline2020.pdf

記録媒体の保存期間

長期間にわたってアーカイブを残す際に問題となるのは、どのような媒体に保存するかです。一般的に、デジタルデータの保存媒体はそれほど長期間にわたって保存することは想定されていません。たとえば、CDやDVDといった光学メディアでは、10年から30年程度が現実的な保存期間とされています（表4-1）。

表4-1 記録媒体の保存期間

記録媒体	想定される保存期間
CD / DVD	10年から30年程度
磁気テープ	10年程度
SDカード、USBメモリ	3年から10年程度
ハードディスク	3年から5年程度

また、記録媒体そのものに問題がなくても、時代の変化によってその記録媒体から読み出すための機器が使えなくなる可能性もあります。たとえば、昔は多くのパソコンがフロッピーディスクを読み出せるドライブを搭載していましたが、現在は搭載している機器を探すのも大変です。記録しておくことだけでなく、読み出せる環境も意識しておきましょう。

アーカイブにおけるリスクと注意点

ソフトウェアが使えなくなる

長期にわたって保存しておいたデータを読み出すときには、そのデータを解釈できるソフトウェアがあることも重要です。デジタルデータは0と1で記録されているため、それを変換しなければなりません。

このとき、デジタルデータには「テキストデータ」と「バイナリデータ」があります。テキストデータは文字だけで構成されるデータで、Windowsの「メモ帳」で開いたときに読めるデータだと考えるとわかりやすいでしょう。一方のバイナリデータはテキストデータ以外のデータを指します。Windowsのメモ帳で開くと、文字化けしたような状態で表示されます。

図4-15 テキストデータ（左）とバイナリデータ（右）

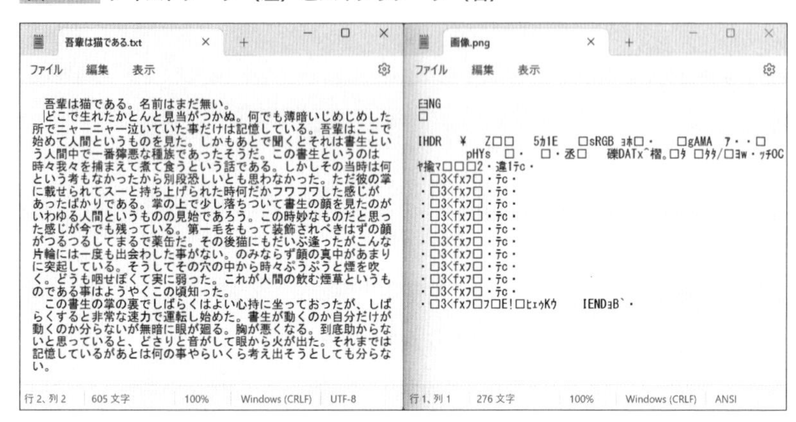

テキストデータであれば、どのような環境でも比較的容易に読み出せます。しかし、バイナリデータではそのデータがどのような規則で並んでいるのかを知らなければ、文章や画像、音声、動画などに変換して人間が読める形にすることはできません。

つまり、画像であれば画像処理ソフト、動画であれば動画処理ソフトがないと、記録したデータを読み出せても、それを人間が理解できる形にできません。たとえば、ひと昔前まではWebサイト上で動きがあるものを表現するときにFlashという技術がよく使われていました。しかし、現在のWebブラウザからは削除されており、当時の内容を再現することが難しくなっています。これは文書ファイルでも同じで、現在はWordやExcelといったソフトウェアが一般的ですが、過去には一太郎やLotusといったソフトウェアが主流の時代もありました。

これらのソフトウェアに互換性がないと、過去に作成したファイルを開くことすらできなくなってしまいます。いま利用しているソフトウェアを開発した企業が、数十年後も存続しているとは限りません。サポートも終了してしまうと、せっかく保存しておいても意味がなくなります。
記録媒体の問題やソフトウェアの問題などを回避するために、データに対して**マイグレーション**という変換作業が行われることがあります。これは、物理的な媒体を変更することや、ファイル形式を変更することなどを指します。
また、処理する機器や環境を仮想化しておくのも1つの方法です。古いコンピュータを仮想化して、現在のコンピュータの中で動かすことで、ある程度は古い環境を再現できます。

コピーガード

デジタルデータであれば簡単にコピーできると考えられるかもしれませんが、**コピーガード（コピープロテクト）**という技術によって、データの複製ができないように設定されていることがあります。
これは、不正コピーから著作権などを守るために、CDやDVDといった媒体やソフトウェアなどに設定されている保護技術です。独自の記号や信号を埋め込んでおくことで、それを認識できる機器やソフトウェアを使用しないとコピーできないようにしています。コピーしようとするとエラーが発生したり、画質や音質が低下したりします。このため、データをコピーしてアーカイブとして保存したつもりでも、実際には元のデータとは異なる内容になっている可能性があります。
また、暗号化されていてシリアル番号の入力が必要なものや、読み込むために認証用のデバイスが必要なものがあります。このような場合は、単純にコピーするだけでは使えないため、その利用条件を確認しておきます。

データの改ざんや上書き

アーカイブしたデータもただのデジタルデータなので、誰かが勝手に書き換えたり、上書きしたりして保存できてしまいます。書き換えを防ぐために、CDやDVDといった書き換えられないメディアを使う方法もありますが、容量が少ないため用途は限られるでしょう。容量を考えると、ハードディスクやSSD、書き換え可能なディスク（CD-RWやDVD-RWなど）を使うことになりますが、これらは中身を容易に書き換えられます。さらに、書き換えられたことを検知するのが難しいという問題もあります。最初に記録したときのデータと同じ内容を他の方法で記録できていなければ、何が正しいのかを判断できません。

書き換えられていないことを確認する方法として、「チェックサム」といった技術を使う方法や、第3章でも登場したハッシュを使う方法が考えられます。最初に記録したときのデータから計算したハッシュ値を記録しておくことで、最新のデータで再計算した値と一致しなければ、何らかの変更が加えられたと判断できます。

MEMO IPAによるハッシュの活用例

ハッシュは、インターネット上で公開したデータが改ざんされていないことを示すために使われることもあります。たとえば、IPA（独立行政法人情報処理推進機構）が公開しているIPAフォント[2]の場合、ダウンロードリンクとあわせてMD5値を公開しています（図4-16）。

図4-16 IPAフォントでのハッシュ値

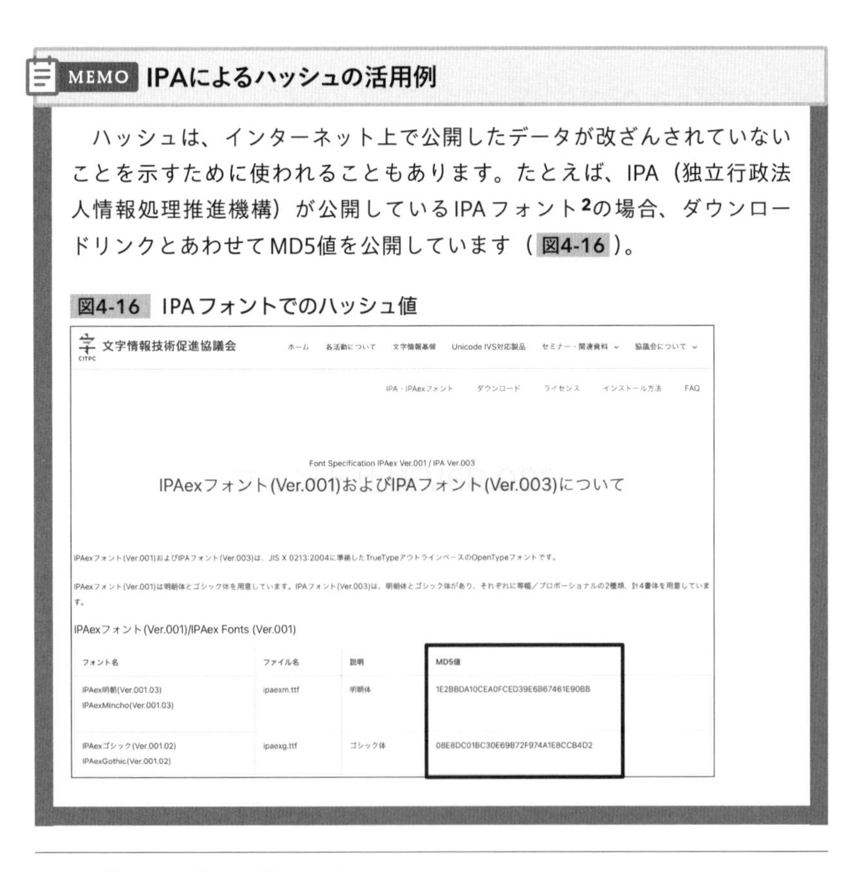

2 https://moji.or.jp/ipafont/fontspec/

アーカイブの事例

実際にアーカイブが使われている例として、非営利団体の「Internet Archive」が運営している「Wayback Machine」[3]や、国立国会図書館が運営している「インターネット資料収集保存事業」[4]があります。これらは、インターネット上のWebページや動画、画像、プログラムなどさまざまなデータをデジタルで保存しているサービスです。

COLUMN イミュータブルストレージとWORM

アーカイブなどの用途では、書き換えられないことが重要です。このように書き換えられないストレージをイミュータブルストレージといい、バックアップに使う場合はイミュータブルバックアップといいます。逆に書き換えができるストレージをミュータブルストレージといいます。

そして、このように書き換えられない記録方式のことをWORM（Write Once Read Many）といいます。つまり、書き込みができるのは1回だけで、読み込みは何度でも可能だというものです。

3 https://web.archive.org

4 https://warp.ndl.go.jp

4-2 差分とバージョン管理システム

役立つのはこんなとき

- 複数のファイルの差異を調べたい
- バージョン管理システムをバックアップとして使いたい

差分の確認

ファイルの履歴を見て変更されていることがわかったとき、そのファイルのどこが変更されたのか、差分を確認したい場合があります。自分が作業をしたファイルであれば変更箇所を覚えていたとしても、他人が変更したファイルであれば当然知りません。自分が作業をしたファイルでも、気付かないうちにマウスやキーボードを触って書き換えてしまい、問題になることがあります。

前節ではWordの変更履歴を使って、変更箇所を確認する方法を述べました。ここでは一般的なテキストファイルなどで使える方法を紹介します。

コマンドで差分を調べる

fcコマンド

テキスト形式のファイルを比較するときに有効な機能として、Windowsであれば「fc」というコマンドが用意されています。これは、複数のテキストファイルを比較して、その差分を出力してくれる機能です。

たとえば、次のようなファイル「sample.txt」と「example.txt」が「C:¥」というフォルダに保存されていたとします。

sample.txt	example.txt
This is a sample file of text.	This is a example file of text.

これは、それぞれの4行目が「sample」と「example」のように違っており、その他は同じです。これらのファイルを比較したければ、コマンドプロンプトやPowerShellを開いて、次のようにファイル名を指定してfcコマンドを入力・実行します。

```
C:¥> fc sample.txt example.txt
ファイル sample.txt と EXAMPLE.TXT を比較しています
***** sample.txt
a
sample
file
***** EXAMPLE.TXT
a
example
file
*****

C:¥>
```

この結果を見ると、それぞれのファイルで異なる行の前後を含めて表示されており、どこが違うのかがはっきりわかります。また、行番号も表示したい場合は、次のように「/N」というオプションを付けて実行します。

```
C:¥> fc sample.txt example.txt /N
ファイル sample.txt と EXAMPLE.TXT を比較しています
***** sample.txt
    3:  a
    4:  sample
    5:  file
***** EXAMPLE.TXT
    3:  a
    4:  example
    5:  file
*****

C:¥>
```

比較した結果を画面に出力するだけでなくファイルに出力するには、次のように出力先のファイルを指定します。

```
C:¥> fc sample.txt example.txt > fc.txt
```

diffコマンド

Windowsのfcコマンドと同様に、ファイルを比較するコマンドがLinuxやmacOSなどのUNIX系OSにも用意されています。それが「diff」コマンドで、使い方は上記のfcコマンドと同様です。

上記と同じ「sample.txt」と「example.txt」が用意されていた場合、これらのファイルを比較するには、次のコマンドを実行します。

```
$ diff sample.txt example.txt
4c4
< sample
---
> example
```

fcコマンドとは出力が少し異なりますが、考え方は同じです。この「4c4」というのが、1つ目のファイルの4行目が2つ目のファイルの4行目に変わっていることを意味しています。

また、「-u」というオプションを付けることで、異なる行の前後3行に加え、追加した行には先頭に「+」を、削除した行には先頭に「-」を付けられます。このような形式を「Unified Diff」といいます。

```
$ diff -u sample.txt example.txt
--- sample.txt    2024-08-07 13:16:29
+++ example.txt   2024-08-07 13:16:49
@@ -1,7 +1,7 @@
 This
 is
 a
-sample
+example
 file
 of
 text.
\ No newline at end of file
```

比較した結果を画面に出力するだけでなくファイルに出力するには、次のように出力先のファイルを指定します。

```
$ diff -u sample.txt example.txt > diff.txt
```

diffコマンドが便利なのは、出力されたファイルと元のファイルの片方を使って、もう一方のファイルを生成できることです。たとえば、上記の「sample.txt」と「diff.txt」を使って次のコマンドを実行すると、「sample.txt」の内容が「example」に変わったものを出力できます。

```
$ patch sample.txt < diff.txt
```

この方法を使うと、大容量のファイルをすでに相手に渡していて、その内容に変更が発生した場合、差分のデータ（`diff.txt`）だけを送れば復元できます。大容量のファイルを送り直す必要がなく、通信量を減らせます。これは当て布という意味から**パッチ**とも呼ばれ、いわゆるパッチファイルなどはこの考え方で作成されています。Windows Updateなど、ソフトウェアのアップデートも同様の仕組みが使われることがあります。

テキストエディタで差分を調べる

コマンドを使う方法は便利ですが、使い慣れていないとハードルが高いものです。そこで、テキストエディタが備える機能を使う方法があります。多くのテキストエディタは、ファイルを比較する機能を備えており、複数のファイルを並べてどこが変わったのかを表示できます。

ここでは、Visual Studio Code（以下、VS Code）を使ってファイルを比較することを考えます。

VS Codeで差分を調べる

標準で用意されている機能として、「選択項目の比較」があります。ファイルの一覧から複数のファイルを選択して右クリックすると、「選択項目の比較」というメニューが表示されます。これを選ぶと、図4-17のように左右に並んで相違点が表示されます。

図4-17　VS Codeでの比較

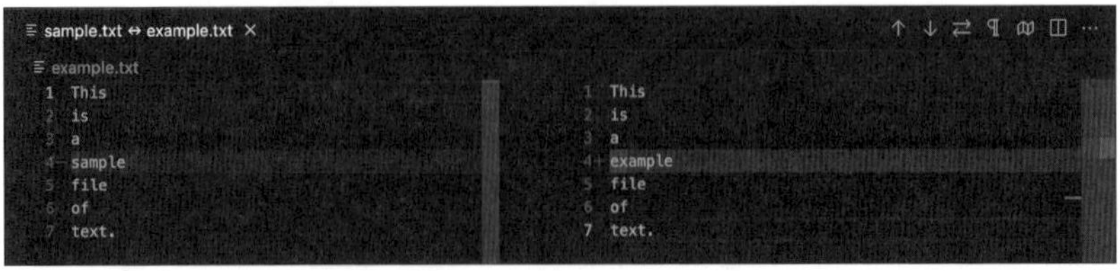

バージョン管理システム

ソフトウェアの開発においては、開発を進めたもののうまく動かないことがあります。また、前のバージョンから変更した箇所を把握したい場面もあります。複数人で同時に開発を進めている際は、うまく統合する必要も出てきます。こういったときに便利なのが**バージョン管理システム（VCS；Version ControlSystem）**を使うことです。

プログラムのソースコードや、設計書などの文書を管理するときにバージョン管理システムを使うことで、変更履歴を効率よく管理できます。ここでは、バージョン管理システムの考え方について解説した後、代表的なVCSであるGitについて紹介します。

バージョン管理システムの考え方

バージョン管理システムでは、**リポジトリ**という場所で変更履歴を管理します。作業者はリポジトリから最新バージョンの内容を取り出して、そこに変更を加え、変更した内容をリポジトリに反映します（図4-18）。

図4-18 バージョン管理システム

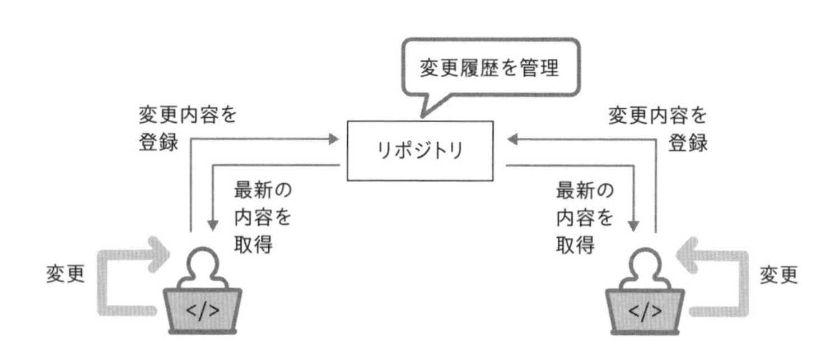

これにより、常に最新の内容がリポジトリに保管されるため、複数人で開発を進められます。また、このリポジトリには過去の変更履歴も登録されているため、任意のタイミングでのバージョンを取り出すこともできます。

Gitによるバージョン管理

Gitの仕組み

最近よく使われているバージョン管理システムとしてGit[5]があります。Gitは「分散型のバージョン管理システム」と呼ばれ、中央で管理するリポジトリ（リモートリポジトリ）の他に、作業者の手元にもリポジトリ（ローカルリポジトリ）を持つことが特徴です（図4-19）。

図4-19 Gitの仕組み

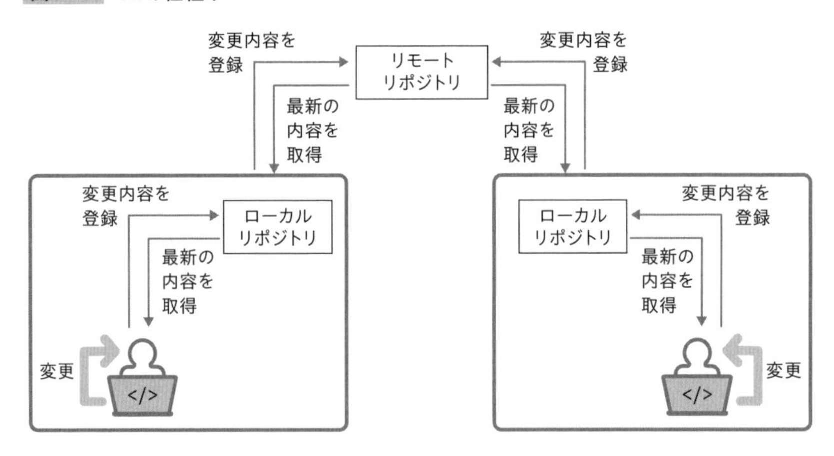

それぞれの開発者はローカルリポジトリを持ち、変更履歴を管理します。これにより、インターネットに接続できなくてリモートリポジトリに接続できないような環境でも、それぞれの作業者はローカルリポジトリを使ってバージョ

5 https://git-scm.com

ン管理をしながら作業を続けられます。

このため、複数の開発者が同時に作業を行う大規模プロジェクトでも効率よく運用できます。

なお、作業者の手元では、「作業ディレクトリ」「ステージングエリア」「ローカルリポジトリ」という3つの場所で管理します。これらの場所の間や、ローカルリポジトリとリモートリポジトリの間では、コマンドを使ってファイルを移動します。

Gitの操作方法

Gitで新たなローカルリポジトリを作成するには、作業ディレクトリで「git init」というコマンドを実行します。

```
$ git init
```

ファイルは作業ディレクトリで操作し、ファイルを変更した後は、ステージングエリアにファイルを格納します。これをステージングといい、「git add」というコマンドを実行します。

```
$ git add sample.txt
```

そして、ステージングした変更を確定し、ローカルリポジトリに格納するには、「git commit」というコマンドを使用します。このとき、どのような目的で変更したのかをメッセージとして文章で記録でき、これをコミットメッセージといいます。具体的には、次のように指定します。

```
$ git commit -m "コミットメッセージ"
```

ローカルリポジトリに登録したものをリモートリポジトリに反映することを**プッシュ**といい、「git push」というコマンドを使います。

```
$ git push origin main
```

ここまでを整理すると、図4-20のような流れで変更を登録しています。

図4-20 Gitでの登録の流れ

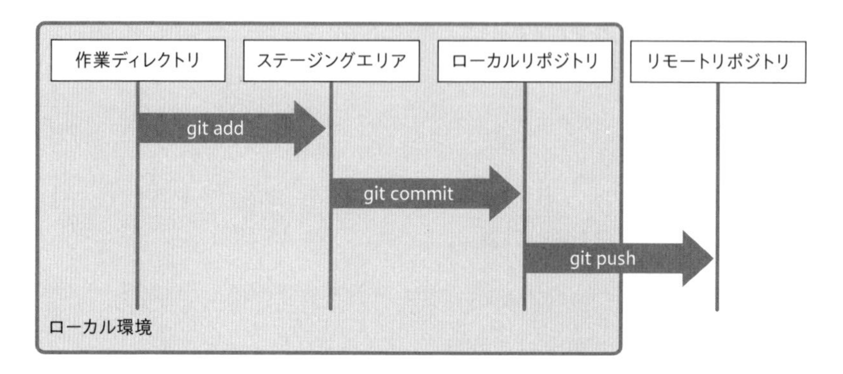

逆に、他の人がリモートリポジトリに登録したものをローカルリポジトリに取得することをフェッチといい、「git fetch」というコマンドを実行します。

```
$ git fetch origin main
```

ローカルリポジトリに取得した内容を作業ディレクトリまで反映するときは「git checkout」というコマンドを実行します。

```
$ git checkout main
```

なお、リモートリポジトリの内容を作業ディレクトリまですべて反映するような使い方をする機会は多くあります。これらの取得と反映をまとめて**プル**といい、「git pull」というコマンドを実行することがあります。

```
$ git pull origin main
```

以上を整理すると、図4-21のようになります。

図4-21 Gitでの取得の流れ

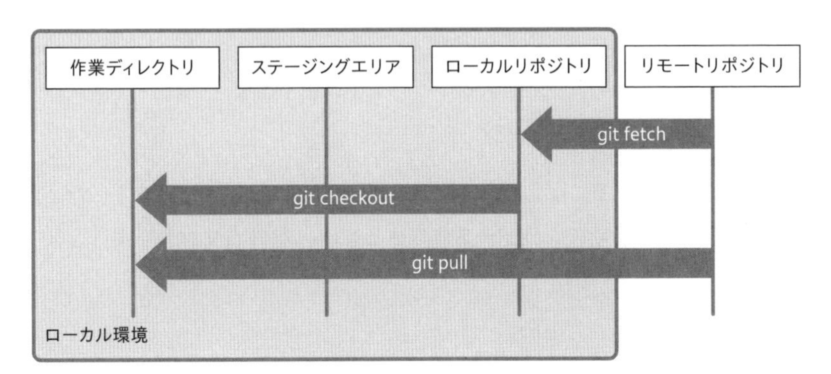

このように、ローカルリポジトリとリモートリポジトリに分けてデータを管理できるため、バックアップとしても活用できます。間違えてファイルを削除してしまったり、上書きしてしまったりしても、前のバージョンに簡単に戻せるのは便利です。

さまざまなバージョンを管理する

ブランチを活用する

ファイルの内容を書き換えるときに、試行錯誤をすることがあります。たとえば、さまざまなパターンを試して比較したい場合、それぞれのパターンを別々のフォルダで管理する方法もありますが、バージョン管理システムでは**ブランチ**と呼ばれる仕組みが使えます。ブランチは「分岐」という意味で、現在のバージョンから複数の分岐を作成して、それぞれで作業でき、簡単に切り替えられます（図4-22）。

図4-22 ブランチ

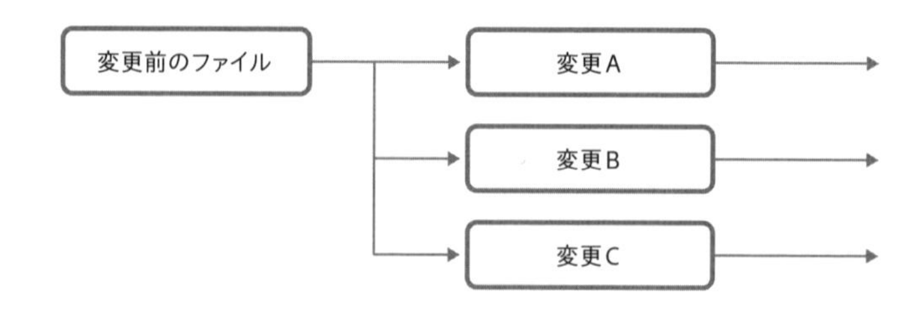

ブランチの作成・切替・マージ

ブランチを作成するには、「git branch」というコマンドを使います。たとえば、「dev」という名前のブランチを作成するには、次のコマンドを実行します。

```
$ git branch dev
```

既存のブランチに切り替えるには、「git checkout」というコマンドを使います。「dev」という名前のブランチに切り替えるには、次のコマンドを実行します。

```
$ git checkout dev
```

このようにブランチを使用することで、変更前の状態にすぐ戻せる状態を作ることができます。

さらに、作成したブランチを他のブランチにマージすることもできます。たとえば、現在のブランチを「main」というブランチにマージするには、次のように「git merge」というコマンドを使います。

```
$ git merge main
```

バイナリデータの管理

Gitは、主にテキスト形式のファイルを効率的に管理するために設計されています。しかし、画像や映像、音声の他、WordやExcelのような文書ファイル、PDFやZIP形式のファイルなど、バイナリデータを扱いたい場合もあります。こういったファイルをうまく管理することを考えてみます。

バイナリデータの課題

テキストファイルでは、diffコマンドなどを使って差分を容易に抽出できました。Gitなどのバージョン管理システムも、このような差分を使ってバージョンを管理しています。しかし、バイナリデータでは効率よく差分を抽出することは難しいため、データに何らかの変更が発生すると、バージョン管理システムはそのつど、新しいバージョンを保存しなければなりません。

また、バイナリデータの多くは、テキストファイルよりもサイズが大きいので、リポジトリのサイズが急速に増加する可能性があります。このため、必要なストレージ容量が増えるだけでなく、リモートリポジトリとのプッシュやプルの操作が遅くなります。

そこで、バイナリデータをバージョン管理システムでは管理せず、オンラインストレージなどに格納して、そのURLをテキストとして管理する方法も考えられます。そもそも、そのバイナリデータをバージョン管理する必要があるのか、というところから考えることもあるでしょう。

Git LFSで管理する

どうしてもバイナリデータをバージョン管理したい場合、Gitには**Git LFS（Large File Storage）**という方法が用意されています。これは、大きなファイルを効率よく管理するための機能で、バイナリファイルを専用の場所に保存する方法です。リポジトリにはファイルの場所を表すデータのみを保存することで、リポジトリのサイズが増えることを防いでいます。

Git LFSを使う

Git LFSを使うには、次のようなコマンドで指定します。

```
$ git lfs install
$ git lfs track "*.mov"
$ git add .gitattributes
$ git commit -m "Add LFS tracking movie file."
```

1行目でGit LFSをインストールしており、2行目で動画ファイルをGit LFSで管理するように設定しています。この設定を3行目でステージングエリアに追加し、4行目でコミットしています。

このように管理すると、バックアップを取得するときも、Gitに関連する場所だけを保存すればよいため、オンラインストレージなどに保存するよりも管理が楽になります（図4-23）。

図4-23 Git LFSでの管理

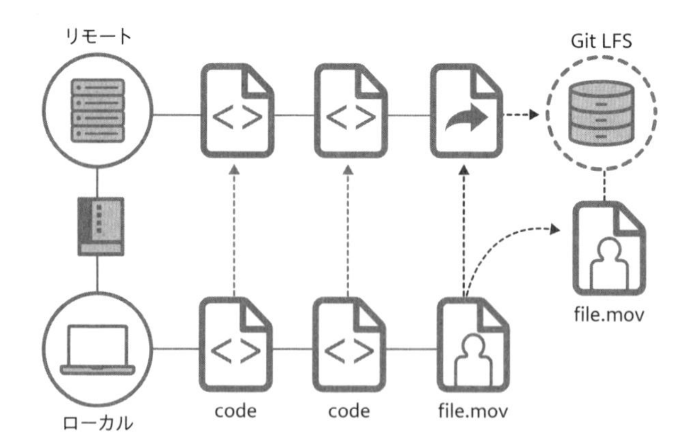

4-3 競合の解消

役立つのはこんなとき

- 複数のバージョンがあるファイルを統合したい
- 競合が発生した場合の対応方法を知りたい

複数の利用者が同じファイルを同時に編集して保存していると、どちらのファイルが正しいのか、どちらが最新なのかわからなくなります。そのような状況で、複数のファイルを統合しようとすると矛盾が発生します。これを**競合**といいます。

多くの利用者がいたり、複数の端末が存在したりすると、ファイルの競合は避けられない問題です。競合を解消しないと、データの整合性が損なわれ、正確な情報の管理が困難になります。ここではまず競合を特定する方法を解説し、その後に手動で解決する手順について解説します。

競合箇所の特定

バージョン管理システムの競合通知

バージョン管理システムを使っていれば、競合が発生するとどこに問題があるのかをエラーメッセージとして表示してくれます。表示されている内容から、競合の内容を特定し、解消することが利用者には求められます。

競合によるエラーの例

例として、2人が同じファイルをリモートリポジトリから取り出して、同時に編集している状況を考えます。たとえば、Aさんは「sample.txt」の4行目を「sample」から「sampleA」に変えています。同時に、Bさんは「sample.txt」の4行目を「sample」から「sampleB」に変えています（図4-24）。

図4-24 変更作業で競合する状況の例

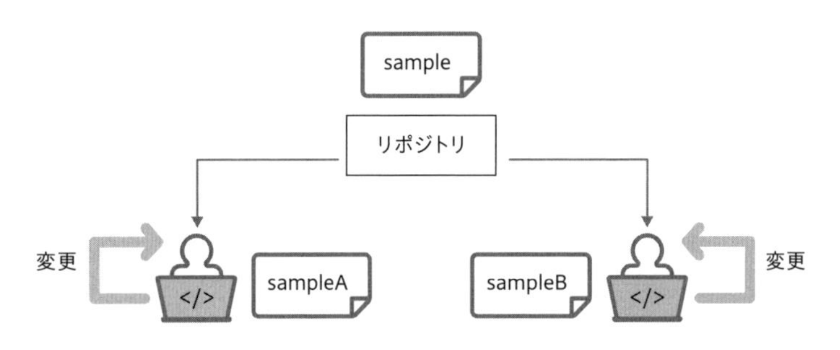

AさんはGitでローカルリポジトリからリモートリポジトリにプッシュします。Bさんもローカルリポジトリに変更をコミットしており、これをリモートリポジトリにプッシュしようとすると、他で変更されているため次のようなエラーになります。

```
$ git push origin main
To xxx.com:xxxxx/xxxxx.git
 ! [rejected]        main -> main (fetch first)
error: failed to push some refs to 'xxx.com:xxxxx/xxxxx.git'
hint: Updates were rejected because the remote contains work that you
do
hint: not have locally. This is usually caused by another repository
pushing
hint: to the same ref. You may want to first integrate the remote
changes
hint: (e.g., 'git pull ...') before pushing again.
```

```
hint: See the 'Note about fast-forwards' in 'git push --help' for
details.
```

そこで、リモートリポジトリからプルし、手元の内容とマージしようとすると、同じファイルを変更していて競合が発生していることがわかります。

```
$ git pull origin main
remote: Enumerating objects: 5, done.
remote: Counting objects: 100% (5/5), done.
remote: Total 3 (delta 0), reused 3 (delta 0), pack-reused 0 (from 0)
Unpacking objects: 100% (3/3), 245 bytes | 61.00 KiB/s, done.
From xxx.com:xxxxx/xxxxx
 * branch            main       -> FETCH_HEAD
   4defff2..9acff9b  main       -> origin/main
Auto-merging sample.txt
CONFLICT (content): Merge conflict in sample.txt
Automatic merge failed; fix conflicts and then commit the result.
```

このようにマージ操作において競合が発生したとき、どのファイルで競合が発生したのかを確認するには、「git status」というコマンドを実行します。

```
$ git status
On branch main
Your branch and 'origin/main' have diverged,
and have 1 and 1 different commits each, respectively.
  (use "git pull" to merge the remote branch into yours)

You have unmerged paths.
  (fix conflicts and run "git commit")
  (use "git merge --abort" to abort the merge)

Unmerged paths:
  (use "git add <file>..." to mark resolution)
        both modified:   sample.txt

no changes added to commit (use "git add" and/or "git commit -a")
```

このように競合ファイルは、「both modified」として表示されます。

競合マーカー

Gitでは、どのファイルのどの部分に競合が発生したのかを、作業ディレクトリ内のファイルにマークして特定できます。競合が発生したファイルに表示されるマークは、**競合マーカー**と呼ばれます。

競合マーカーを確認する

Gitでは、たとえば、競合マーカーは次のように囲まれて表現されます。

```
This
is
a
<<<<<<< HEAD
sampleB
=======
sampleA
>>>>>>> 9acff9b8fbfae1361f31819599c550681daf9ace
file
of
text.
```

この競合マーカーを確認することで、どの部分が競合しているかを特定できます。

競合の解決

競合している箇所を特定したら、競合を解決する必要があります。競合解決を支援するツールもありますが、基本的には手動で確認して対応しなければなりません。

競合への対応方法を決める

まずは競合マーカーを見て、どのような変更によって競合しているのか、その内容を理解する必要があります。競合している内容を比較したうえで、どのような方向性で対応するかを決定します。

よく使われるのは、「現在のブランチの内容を採用する方法」と、「マージ元のブランチの内容を採用する方法」です。基本的にはいずれかのブランチを採用することで、競合を解決することになります。しかし、両方の内容を組み合わせる必要がある場合もあります。このような場合は、競合している箇所を手作業で編集して、両方の内容を組み合わせて解決します。

解決結果を反映する

競合への対応が決まったら、競合内容を修正するとともに、競合マーカーを削除します。競合マーカーが残っていると、ファイルが正しく保存されない可能性があるため、必ず削除しましょう。

先ほどの例を使って、具体的にやってみます。今回は、「sampleB」という修正が正しいものとします。

変更後の内容

```
This
is
a
sampleB
file
of
text.
```

修正が終わったら、修正した内容が正しいかを確認します。文章であれば何度も読み返して、正しい文章になっていることを確認し、プログラムであればテストを実施します。単体テストなどで自動テストを作成しているのであれば、可能ならそのテストを実行し、意図しない不具合が発生していないかを確認します。

そして、競合を解決したファイルをバージョン管理システムに通知します。Gitの場合は、解決したファイルをステージングしてコミットします。そして、リモートリポジトリにプッシュすると、リモートリポジトリも書き換えられます。

```
$ git add [ファイル名]
$ git commit -m "[競合解決のコメント]"
$ git push origin main
```

バックアップの取得であれば、基本的に1カ所から最新の内容を登録するだけなので、競合が発生することは少ないものです。しかし、何らかの理由で競合が発生した場合には、上記のように競合の解決が必要になるため、その対応方法について知っておきましょう。

第
5
章

データベースのバックアップ

一般的な文書ファイルは、ファイルをコピーするだけでバックアップを取得できますが、少し複雑な手順が必要なのがデータベースです。データベースサーバーからデータを出力し、復元できる状態を作るために実施すべきことについて解説します。

5-1 データベースの構成とバックアップ手法

役立つのはこんなとき

- データベースでのデータの管理方法を知りたい
- ファイルとデータベースのバックアップの違いを知りたい
- 物理バックアップと論理バックアップの手法を知りたい

企業などの組織では、1つのシステムを複数の人が利用します。このときにデータをファイルで扱うのではなく、データベースに格納する方法がよく使われます。ここではデータベースが使われる理由と、そのバックアップの考え方について解説します。

データベースのメリット

手軽にデータを保存する方法として、これまで解説してきた**ファイル**があります。WordやExcelといったオフィスソフトで作成する文書ファイルだけでなく、画像ファイルや音楽ファイル、PDFファイルなど、さまざまな形式のファイルが使われています。

組織ではファイルをファイルサーバーなどに保存して管理することが一般的ですが、複数の人が同時にアクセスすると、「ファイルを開けない」「誰かが更新した内容が上書きされてしまう」といった問題があります。

このような問題を回避するため、データベースが使われます。データベースは「高速に検索できる仕組みを用意している」「利用者ごとに細かくアクセス権限を設定できる」「更新したログを取得できる」など、ファイルでの管理よりも高度な機能を多く備えています。

リレーショナルデータベースの仕組み

リレーショナルデータベースとは

データベースにはいろいろな種類がありますが、一般的によく使われるのは**リレーショナルデータベース**です。他にもオブジェクト指向データベースや階層型データベース、NoSQLなどがありますが、本書で単に「データベース」と書いたときは、リレーショナルデータベースを指すものとします。

リレーショナルデータベースは**関係データベース**とも訳され、Relational Databaseの略で**RDB**と書かれていることも多いです。また、RDBを管理するリレーショナルデータベース管理システムを**RDBMS（Relational Database Management System）**といいます。

テーブル、レコード、カラム

RDBMSでは、1つのデータベースの中で複数の**テーブル（表）**を扱います（図5-1）。

図5-1 データベースとテーブルの関係

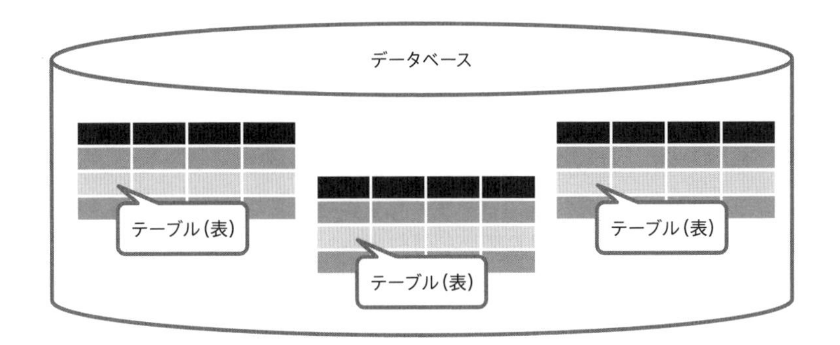

このテーブルは2次元の表形式で、横方向の**レコード（行）**と縦方向の**カラム（列）**で構成されています。そして、個々の値を格納する1つ1つの場所を**フィールド**といいます。

基本的には、1つのレコードで1件のデータを表し、カラムで項目を定めています。たとえば、顧客情報を格納するテーブルであれば、**図5-2** のように、氏名や住所、電話番号などのカラムがあり、1つのレコードに1人分のデータを格納します。

図5-2 顧客情報を格納するテーブルの例

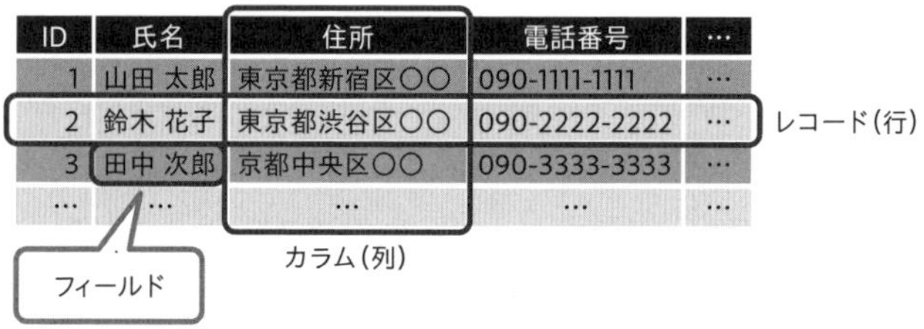

ID	氏名	住所	電話番号	…
1	山田 太郎	東京都新宿区○○	090-1111-1111	…
2	鈴木 花子	東京都渋谷区○○	090-2222-2222	…
3	田中 次郎	京都中央区○○	090-3333-3333	…
…	…	…	…	…

レコード(行)
カラム(列)
フィールド

値の種類制限

表形式でデータを格納するソフトウェアとして、Excelなどの表計算ソフトもあります。表計算ソフトではフィールドのことを「セル」といい、それぞれのセルには文字や数値、日付などさまざまな値を自由に格納できます。これは便利な一方で、金額を入力するはずの列に誤って住所のような文字列（文字の並び）を入力していても、気付かない可能性があります。文字列が格納されていると計算ができないため、集計したときに計算結果が合わないなどの問題が発生します。

データベースを使うと、それぞれのフィールドに格納する値の種類を制限できます。たとえば金額のカラムであれば数値しか入力できないように設定でき、住所のような文字を入力したときにエラーを表示できます。

インデックス

カラムには**インデックス**と呼ばれる索引を設定でき、大量のデータが格納されているテーブルから高速に検索できます。書籍の巻末にある索引を使うと、特定のキーワードが登場するページに素早くアクセスできますが、それと似たような仕組みです。インデックスを設定することにより、大量のデータが格納されたデータベースでも高速に検索できるので、膨大なデータを扱う組織でのデータ管理に向いています。

バックアップの目的を考える

以上のような機能を持つデータベースのバックアップを考えたとき、格納されているデータを保護することだけが目的であれば、テーブルの内容だけを取得しておけば復元できます。しかし、バックアップから戻したときにシステムとして使える状態にするためには、インデックスの再構築などが必要です。このため、「災害やシステム障害に備えるのか」「誤操作などからデータを復旧するのか」といった目的に応じて、バックアップの取得方法を検討する必要があります。

データの不整合を回避する

トランザクション

トランザクションとは

データベースは複数のテーブルを扱い、それぞれのテーブルが連携してさまざまなデータを記録します。たとえば、顧客についての情報は「顧客テーブル」に登録し、その顧客が注文した情報は「注文テーブル」に格納します。その注文の内訳は「注文明細テーブル」に格納する、といった具合です。このとき、登録処理の途中でエラーが発生し、一部のテーブルにだけデータが登録され、関連するデータが他のテーブルに登録されないと困ります。また、1つのテーブルに複数のレコードを登録するような処理でも、その処理の最中にシステム障害が発生して、一部のデータしか登録されない可能性もあります。

そこで、第1章で解説したように、データベースでは一連の操作をまとめて実行する**トランザクション**という機能を用意しています（図5-3）。

図5-3 トランザクション（図1-9再掲）

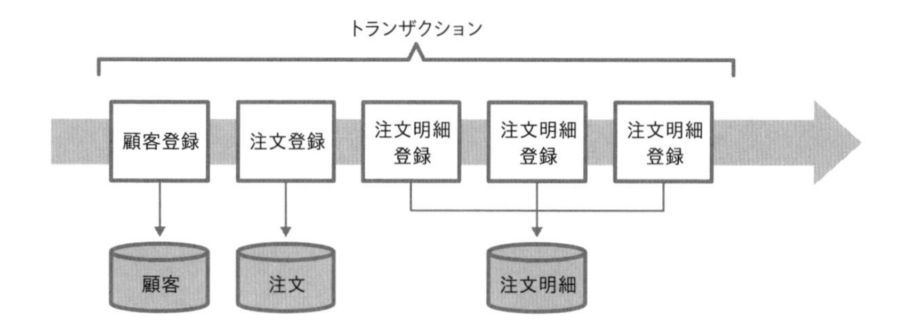

トランザクションでは、一部の処理が失敗すると全体を取り消し、すべての処理が成功したときにだけ全体を確定します。この取り消しを**ロールバック**、確定を**コミット**といいます。ロールバックとコミットの仕組みを有するトランザクションのおかげで、データの一貫性を確保できます。

ただし、トランザクションの処理をRDBMSが勝手にしてくれるわけではありません。どの処理を1つのまとまりとして扱うのかがRDBMSにはわからないため、データベースを扱う人や、データベースを使うプログラムの開発者がそのまとまりを指定する必要があります。

SQL

RDBMSではテーブルの作成や変更、削除といったテーブル定義の操作や、テーブルに格納したデータの操作、ロールバックやコミットといったトランザクションの制御などに**SQL**という言語を使います。代表的なRDBMSとして、MySQLやPostgreSQL、SQLite、SQL Serverなどがありますが、これらの製品に「SQL」という単語が含まれた名前が付けられているのは、使用する言語を表しているからです。

たとえば、MySQLでは次のように「START TRANSACTION」というSQLで開始し、「COMMIT」というSQLで終了するまでの間が、1つのトランザクションです。

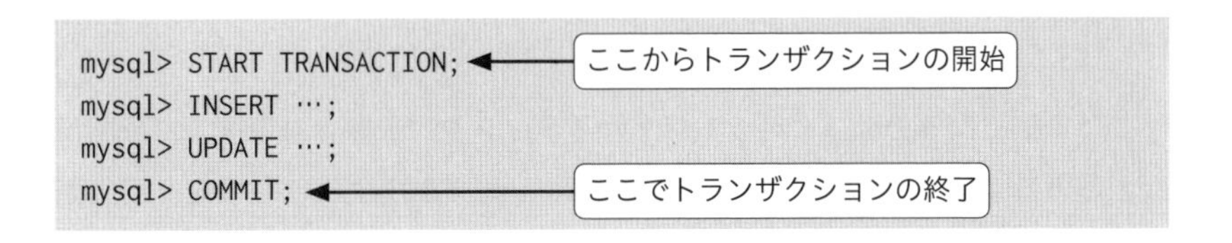

```
mysql> START TRANSACTION;
mysql> INSERT …;
mysql> UPDATE …;
mysql> COMMIT;
```


ここで、トランザクションの中で実行する処理に間違いがあったり、処理に失敗したりしたときには、最後の「COMMIT」の代わりに「ROLLBACK」というSQLを実行します。これにより、「START TRANSACTION」以降の処理がすべて取り消されます。

なお、PostgreSQLやSQLServerなどの場合は「START TRANSACTION」の代わりに「BEGIN TRANSACTION」を使います。Oracleのように、接続するだけで自動的にトランザクションが始まるRDBMSでは開始のコマンドが不要な場合もあります。

このように、RDBMSによってSQLに少し違いはありますが、基本的な考え方は同じです。

トランザクションに求められる「ACID特性」

重要なのは、コミットされたトランザクションが確実に記録されていることです。つまり、コミットが成功すれば、その後でシステム障害が発生したとしても、SQLを実行した人はその処理内容がデータベースに反映されていることを期待しています。このように、RDBMSのトランザクションが備えるべき特性を**ACID特性**といいます。これは、**表5-1**の4つの特性の頭文字を取ったものです。

表5-1　ACID特性

特性	日本語訳	特徴
Atomicity	原子性	完全に実行されるか、完全に実行されないかのいずれか
Consistency	一貫性	データの整合性が保たれている
Isolation	独立性	他のトランザクションによる影響を受けない
Durability	耐久性	データが永続的に保存される

ここで気になるのは、コミットしてからディスクに反映されるまでに時間がかかるのではないか、ということです。たとえば、100万件のデータを一度に更新した状況を考えると、コミットしてからディスクに反映されるまでには、それなりに時間がかかるでしょう。SQLを実行した人は、コミットしたことで確実に記録されていることを期待します。しかし実際にはデータに反映されていないために、予期しないシャットダウンやクラッシュなどの障害が発生したときにデータが失われると、困ったことになります。

そこで、RDBMSは障害が発生したときに、これを復旧できるようにさまざまな工夫がされています。以下でそれらを解説していきます。

トランザクションログ

コミットしたときにすべてのデータをまとめて更新するのではなく、コミットする前の段階から、トランザクションの中で更新処理をしている内容を記録しておく方法があります。データベースのテーブルには反映されていませんが、その処理内容を残しておくという方法です。

これが第1章で解説した**トランザクションログ**で、トランザクション内での更新内容をログとして記録します。つまり、RDBMSで管理しているデータは、データの中身がテーブルに記録されているだけでなく、データの更新記録が別のファイルに残されているのです（図5-4）。これにより、障害が発生した場合でも、障害の直前までに更新された内容がトランザクションログに出力され

図5-4 トランザクションログ

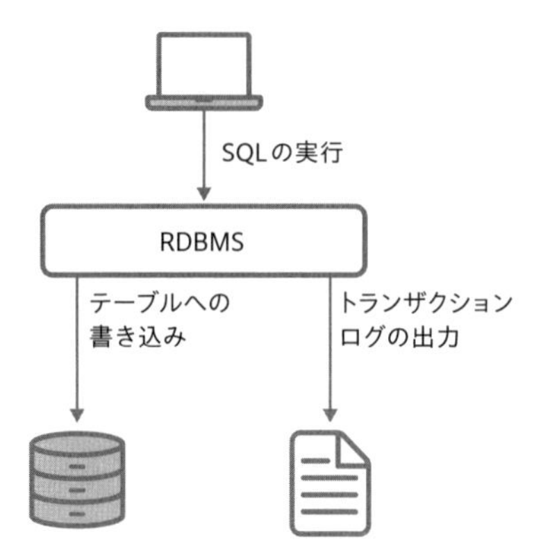

ていれば、その内容を使って復元できます。

なお、トランザクションログという呼び方は一般的なもので、製品によっては呼び方が異なります。たとえば、MySQLでは「バイナリログ（Binlog)」や「InnoDBログ」、PostgreSQLでは「WAL（Write Ahead Logging)」、Oracleでは「REDOログ」のように呼びます。WALの「Write Ahead Logging」は「ログ先行書き込み」と訳されることが多く、名前のとおり「書き込む前にログを出力する」という意味です。つまり、トランザクションログは一般的なログのように「書き込んだ履歴としてログを残す」のとは違い、テーブルに書き込むより前にログを出力します。

トランザクションが始まると、そこからの操作をログとして記録していきます。そして、RDBMSがコミットしたときもログを残しておき、その更新内容をテーブルに反映していきます。しかし、データがメモリ上にあるだけでは、システム障害が発生するとデータが消えてしまいます。そこで、定期的もしくは何らかの条件を満たしたときにディスクに書き込みます。このような処理を**フラッシュ**といいます。見た目上はデータとして書き込まれたように見えても、普段はファイルに書き出されているとは限らず、少しずつディスクに書き込まれる処理が進んでいるのです。

チェックポイントとロールフォワード

チェックポイント

コミットしてもデータとして書き込む処理が続いていることを解説しましたが、これがすべてディスクに反映されたタイミングを**チェックポイント**といいます。チェックポイントを過ぎれば、テーブルのデータがファイルとして確実に記録されていることを意味します。

ロールフォワード

チェックポイントが来るまでの間は、コミットした後に処理されている変更がファイルに書き込まれていません。こうした状態で障害が発生したらどうなるでしょうか。このとき、更新されたテーブルのデータはファイルに反映されていません。しかし、ファイルとしてデータが残っていなくても、ログとしてファイルに残っていれば、そのログを使ってトランザクションを再現することで、データを正しく反映できます。このように、処理途中の状態からコミットまでの流れを再実行する処理を、**ロールフォワード**といいます。

ロールフォワードで復旧できるタイミング

たとえば、図5-5 のような時間の流れを考えます。①のトランザクションはチェックポイント時点でコミットまで完了しています。このトランザクションのデータは障害で停止しても、再開すればデータは残っています。

一方で、②のトランザクションはチェックポイント時点でコミットは完了していません。しかし、障害が発生する前にコミットが完了しています。このようなトランザクションのデータは、障害が発生したときにチェックポイントの状態からロールフォワードで復旧できます。

③についてはチェックポイントの時点では処理が始まっていません。それでも、障害が発生する前にコミットが完了しています。このときも、ロールフォワードで復旧できます。

ただし、④のように障害が発生した時点でコミットされていないものについては、処理を取り消す必要があります。この場合はロールバックによって処理をすべて取り消します。

図5-5 ロールフォワード

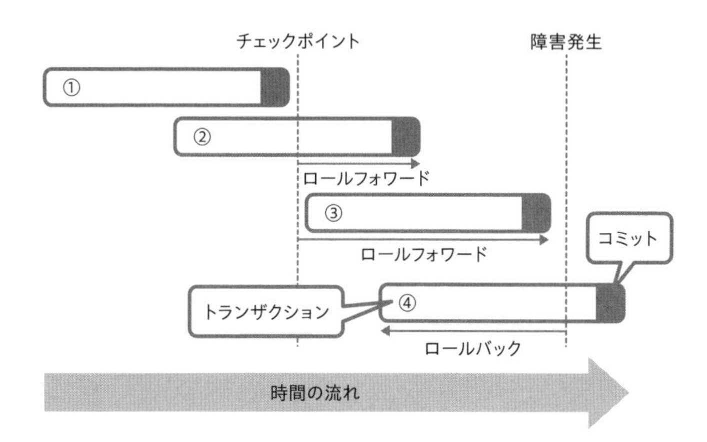

このような工夫によってデータベースはトランザクションのACID特性を実現しているため、データに不整合が発生したままになる状態を防げます。

物理バックアップと論理バックアップ

RDBMSのバックアップ手法

上記で想定したのは、停電による予期しないシャットダウンのように、ハードウェアは故障しておらず、RDBMSを再起動することで復旧するような障害です。しかし、ストレージの故障のように、そもそも再起動できないようなトラブルが発生することもあります。このような障害から復旧するには、他の場所に保存したバックアップを使ってデータを戻す必要があります。

また、ストレージ以外が故障した場合は、そもそも異なるコンピュータに移行しなければなりません。その他にも、システムの更改などのタイミングで異なるRDBMSにデータを移行したい場合もあります。

これらに備えてRDBMSに格納されているデータをストレージにバックアップするとき、大きく分けて**物理バックアップ**と**論理バックアップ**があります。

物理バックアップ

物理バックアップは「rawバックアップ」とも呼ばれ、データベースの内容が格納されているディレクトリやファイルのrawデータ、つまり生のデータをそのままバイナリ形式でコピーする方法です。ハードウェアの故障などのシステムトラブルに備えて取得しておくバックアップで、他のRDBMSなどへの移行には使えません。

一般的には、物理バックアップの方が、バックアップの取得にかかる時間も復旧にかかる時間も短くなります。

論理バックアップ

論理バックアップは、データベースの構造や中身を抽出して保存する方法です。RDBMSは独自の形式でデータを保存しているため、そのままでは人が中身を理解することは難しいものです。しかしこの方法では、格納されている構造や中身だけをテキスト形式で保存するので、中身を人が理解できます。そのため、他のRDBMSなどへの移行にもそれほど大きな問題が発生しません。テキスト形式なので、取得したバックアップをテキストエディタなどで確認し、中身を編集することも容易です。

論理バックアップでは、バイナリデータからテキストデータへの変換が発生することや、復旧するときにインデックスの作成などが発生することから、元の状態に戻すにはそれなりに時間がかかります。

物理バックアップの取得

物理バックアップを取得するときは、それぞれのRDBMSが備えている専用のツールに加えて、OSが用意しているcpやtar、rsyncなどのコマンドを使います。

RDBMSが備えているツールをいくつか挙げると、MySQLの企業向け製品であるMySQL Enterprise EditionのMySQL Enterprise Backup（mysqlbackup）、PostgreSQLのpg_basebackupやpg_rman、OracleのRMAN（Recovery Manager）などがあります。また、OSSのツールとしてPercona XtraBackupなどもあります。

バックアップできる単位などはツールによって異なりますし、異なる機種や異なるバージョンへの移行が難しい場合もあります。それぞれのツールが備えるマニュアルを読むなどして、正しく設定してください。

論理バックアップの取得①　エクスポート

論理バックアップにはさまざまな手法があります。いずれも基本的にはテーブルの内容をファイルに保存する方法ですが、それぞれに特徴があるため、順に解説します。

データベースに格納されているデータをファイルに書き出す処理を**エクスポート**といいます。エクスポートしたデータは他のシステムやアプリケーションに取り込むことができ、この処理を**インポート**といいます（図5-6）。

図5-6 エクスポートとインポート

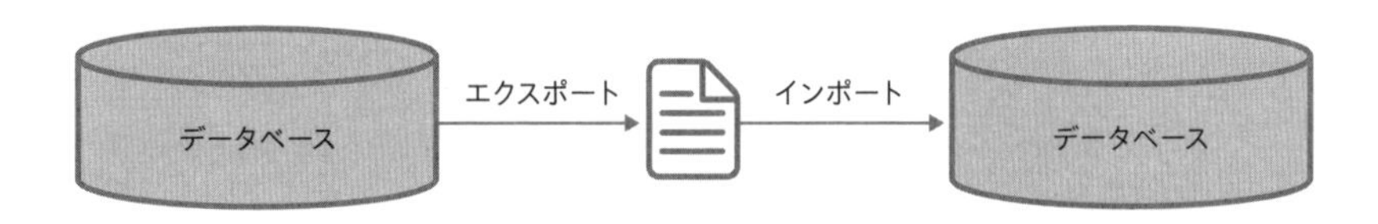

エクスポートしたデータの形式として、**CSV**[1]や**JSON**[2]、**XML**[3]などが使われます。これらはいずれもテキスト形式のファイルなので、異なるシステム間でデータを移行するときに便利です。

エクスポートするときは、出力したいカラムやレコードをSQLで指定できます。これにより、不要なデータを除外して、欲しいデータだけ出力するよう最適化できます。

MySQLでエクスポート／インポートする

たとえば、MySQLで次のようなSQLを記述して実行すると、指定したテーブル（以下では「table_name」）のすべてのカラム、すべてのレコードをCSV形式でエクスポートできます。

```
mysql> SELECT * INTO OUTFILE 'path/to/file.csv'
    -> FIELDS TERMINATED BY ','
    -> ENCLOSED BY '"'
    -> LINES TERMINATED BY '\n'
    -> FROM table_name;
```

このSQLの1行目では、「OUTFILE」に続けて、出力先のファイル名として「path/to/file.csv」を、2行目では各項目を「,」で区切ることを、3行目では各項目の値を「"」でくくることを、4行目では「\n」という改行コードで改行して区切ることを、5行目では出力対象のテーブル名を指定しています。

エクスポートしておいたデータをインポートするときは、次のようなSQLを実行します。

---

1 Comma-Separated Valuesの略で、コンマで区切って表現する形式。

2 JavaScript Object Notationの略で、JavaScriptなどのプログラミング言語で扱いやすい形式。

3 eXtensible Markup Languageの略で、タグで囲って表現する形式。

```
mysql> LOAD DATA LOCAL INFILE 'path/to/file.csv'
    -> INTO TABLE table_name
    -> FIELDS TERMINATED BY ','
    -> ENCLOSED BY '"'
    -> LINES TERMINATED BY '\n';
```

このようにCSV形式でエクスポートしておけば、表計算ソフトなどで手軽に編集できます。

PostgreSQLでエクスポート／インポートする

PostgreSQLを使っている場合は、「COPY」というSQLで同じようにエクスポートできます。

```
pgdb=# COPY table_name TO '/path/to/file.csv'
pgdb-# WITH (FORMAT csv, HEADER);
```

逆にインポートするときも「COPY」コマンドを使って、次のように書きます。

```
pgdb=# COPY table_name FROM '/path/to/file.csv'
pgdb-# WITH (FORMAT csv, HEADER);
```

論理バックアップの取得②　ダンプ

データベース全体や、特定のテーブルのすべてのデータを出力する処理を**ダンプ**といい、出力したファイルを**ダンプファイル**といいます。多くの場合、データベースの再構築や、システムの移行などに使われ、主要なRDBMSは高速にダンプするために専用のコマンドを用意しています。ダンプで出力されたデータを使うことで、異なるサーバー間でも容易に移行できます。

MySQLでダンプする

たとえば、MySQLであれば、「mysqldump」や「mysqlpump」というコマンドを使ってダンプを作成します。ここでは、「mysqldump」を使って、ユーザー名とデータベース名、出力先のファイルを指定しています。

```
$ mysqldump -u username -p database_name > backup.sql
```

このように、データベース全体を一括で出力できます。出力されたデータはSQLで記述されており、復元するときは次のコマンドを実行します。

```
$ mysql -u username -p database_name < backup.sql
```

この方法は出力したファイルがSQLで記述されていることから、バックアップしたデータから戻すときだけでなく、SQLをまとめて実行したいときにも使えます。新たにデータベースを作成し、複数のテーブルを設定するような場合、SQLを1つずつ実行するのではなく、SQLをまとめたファイルを作成し、それを上記のように実行すると、一括でデータベースに登録できます。

なお、テーブル単位でバックアップとして出力したいときは、テーブル名も指定します。

```
$ mysqldump -u username -p database_name table_name > table.sql
```

その他、複数のデータベースを一括で出力するなど、さまざまなオプションが用意されています。

PostgreSQLでダンプする

PostgreSQLでは「pg_dump」というコマンドを使います。データベース全体のバックアップを取得するには、次のように実行します。

```
$ pg_dump -U username -d database_name > backup_file.sql
```

ここで指定している項目はMySQLのときと同様です。また、バックアップしたデータからデータベースに復元するには、復元先のデータベースを作成してから次のコマンドを実行します。

```
$ psql -U username -d database_name < backup_file.sql
```

同様にテーブル単位でバックアップしたいときは、次のコマンドを実行します。

```
$ pg_dump -U username -d database_name -t table_name > table_backup.
sql
```

COLUMN データの圧縮

組織が使っているようなデータベースでは、バックアップとして出力したファイルの容量が大きくなります。エクスポートやダンプしたデータはテキスト形式であり、特にこのようなファイルは圧縮することで保存時の容量を大幅に減らせます。

第3章で解説したように、圧縮にはさまざまな手法がありますが、最近は「zstd」という圧縮形式を多く見かけるようになりました。zstdは2016年にオープンソースとして公開されたZstandardという圧縮アルゴリズムを実装したツールで、圧縮や展開を高速に処理でき、圧縮率もよいことが特徴です。MySQL 8.0.21以降で導入されたダンプロードユーティリティで標準で採用され、最近はWebにおけるHTTP圧縮でもよく使われており、注目されています。

5-2 データベースにおけるログの活用

役立つのはこんなとき

- トランザクションログのバックアップについて知りたい
- ログをネットワーク経由で他の環境に送りたい

トランザクションログを活用する

エクスポートやダンプでは、バックアップを取得したタイミングでのデータを保存しています。しかし、それ以降に更新されたデータはバックアップされていません。そこで、トランザクションログを使って、データベースの特定の時点まで戻すためのバックアップを取得することを考えます。

ポイントインタイム（PIT）バックアップ

あるタイミングでバックアップしたデータと、そのタイミング以降のトランザクションログを使うことで、データベースの特定の時点に戻す方法があります。これを**ポイントインタイム（PIT）バックアップ**といいます。ストレージの障害でデータが失われたり、誤ってデータを削除してしまったりした場合に、トランザクションログを使って迅速に復旧するために使われます。

5-1節で解説したように、トランザクションログはRDBMSでのテーブルに対する挿入や更新、削除といったすべての変更を記録しています。これにより、データベースを特定の時点の状態に戻したり、クラッシュしたときにロールフォワードによって復旧したりできます。

トランザクションログのバックアップ

MySQLでのトランザクションログのバックアップ

MySQLでトランザクションログ（バイナリログ）をバックアップするには、バイナリログを有効化する設定が必要です。MySQLの設定ファイルである「my.cnf」というファイル[4]に次の設定を追加します。

/etc/mysql/conf.d/my.cnf

```
[mysqld]
log-bin = /var/log/mysql-bin
server-id = 1
```

ここで、「log-bin」にはバイナリログの保存場所を、「server-id」には一意のサーバーIDを指定します。設定を変更し、バイナリログの保存場所のディレクトリを作成したら、MySQLサーバーを再起動します。

```
$ sudo systemctl restart mysql
```

これにより、「log-bin」で指定したディレクトリにバイナリログが保存されます。この設定を実施したうえで、フルバックアップを取得しておきます。

```
$ mysqldump -u username -p --all-databases --source-data > full-
backup.sql
```

4 MySQLの設定は「/etc/my.cnf」というファイルから「/etc/mysql/conf.d/my.cnf」など「/etc/mysql/conf.d/」というディレクトリにあるファイルを読み込む設定が多い。本書では「/etc/mysql/conf.d/my.cnf」を書き換えて設定するものとする。

上記で作成したトランザクションログのファイルも、内部ストレージだけでなく外部ストレージやネットワーク上の場所にバックアップしておくと確実です。この処理は単純なコピーで十分で、次のようなコマンドをcronなどで定期的に実行しておくことが考えられます。

```
$ cp /var/log/mysql-bin.* /path/to/backup/
```

なお、バイナリログの一覧は、データベースの管理者権限で次のように「SHOW BINARY LOGS」というSQLを実行して確認します。

```
mysql> SHOW BINARY LOGS;
+------------------+-----------+-----------+
| Log_name         | File_size | Encrypted |
+------------------+-----------+-----------+
| mysql-bin.000001 |       181 | No        |
| mysql-bin.000002 |   2943252 | No        |
| mysql-bin.000003 |       669 | No        |
+------------------+-----------+-----------+
3 rows in set (0.01 sec)
```

PostgreSQLでのトランザクションログのバックアップ

PostgreSQLでトランザクションログ（WAL；Write-Ahead Logging）を出力してバックアップするには、WALの出力で設定します。具体的には、PostgreSQLの設定ファイルである「postgresql.conf」に次の設定を追加します。

/var/lib/postgresql/data/postgresql.conf

```
wal_level = logical
archive_mode = on
archive_command = 'cp %p /path/to/archive/%f'
```

ここで指定している「wal_level」はWALに書き込む情報を決定するパラメータで、デフォルトでは「minimal」という値です。これではWALを出力できないため、「logical」や「replica」に変更します。

また、「archive_mode」はアーカイブを有効にする設定で、「archive_command」はWALログをコピーする設定です。この設定によって、PostgreSQLがWALログを生成すると、指定したディレクトリに自動的にバックアップされます。

このアーカイブコマンドはPostgreSQLのユーザーと同じ所有権で実行されるため、WALファイルを保存するディレクトリを作成し、適切な権限を設定しておきます。

```
$ sudo mkdir -p /path/to/archive
$ sudo chown postgres:postgres /path/to/archive
```

設定変更後、PostgreSQLを再起動します。

```
$ sudo systemctl restart postgresql
```

これにより、WALログが指定したディレクトリに保存されます。このファイルを外部ストレージなどに保存しておきます。

トランザクションログの復元

MySQLでのトランザクションログによる復元

トランザクションログを使って復元するには、フルバックアップからの復元とトランザクションログの適用が必要です。

まずは、フルバックアップを使ってデータベースを復元します。MySQLの場合は、次のようなコマンドを実行します。

```
$ mysql -u root -p < /path/to/backup/full_backup.sql
```

続いて、障害が発生した時点までのバイナリログを適用します。

```
$ mysqlbinlog /var/log/mysql-bin.000001 /var/log/mysql-bin.000002 |
mysql -u root -p
```

このコマンドは、バイナリログを再生し、データベースに適用します。複数のバイナリログが存在する場合は、それらをすべて入力に指定して、順番に適用します。

特定の時点にデータベースを復元するには、「mysqlbinlog」コマンドで「--stop-datetime」というオプションを使います。たとえば、2024年12月31日10時までのデータを復元する場合は、次のように実行します。

```
$ mysqlbinlog --stop-datetime="2024-12-31 10:00:00" /path/to/backup/
mysql-bin.000001 | mysql -u root -p
```

なお、不要なバイナリログは次のようなSQLで削除すると、ストレージの容量を節約できます。

```
mysql> PURGE BINARY LOGS TO 'mysql-bin.000010';
```

指定した日付以前のバイナリログを削除するには、次のように日付を指定したSQLを実行します。

```
mysql> PURGE BINARY LOGS BEFORE '2023-09-01 00:00:00';
```

PostgreSQLでのトランザクションログによる復元

PostgreSQLの場合は、データベースのバックアップとWALログを使って復元します。まずは、PostgreSQLを停止します。

```
$ sudo systemctl stop postgresql
```

次に、バックアップからデータを復元します。

```
$ tar -xzf /path/to/backup.tar.gz -C /var/lib/postgresql/data
```

WALログを使って復元するためには「postgresql.conf」で指定することで制御します。

```
/var/lib/postgresql/data/postgresql.conf
```

```
restore_command = 'cp /path/to/archive/%f %p'
```

この「restore_command」は、アーカイブされたWALファイルを、指定されたディレクトリから復元するためのコマンドです。

最後に、PostgreSQLを再起動して復元を開始します。

```
$ sudo systemctl start postgresql
```

なお、特定のタイミングでの状態に復元するには、「recovery_target_time」という項目を「postgresql.conf」に設定します。

```
recovery_target_time = 'YYYY-MM-DD HH:MI:SS'
```

この設定により、指定した時点までのデータベースを復元できます。

ログシッピング

データベースをバックアップするとき、データベースの内容を他のサーバーに常にコピーしておく方法も考えられます。これはレプリケーション[5]を使う方法です。そのときに使われる技術について解説します。

ログシッピングとは

レプリケーションを実現するために、データベースの更新における差分ログをネットワーク経由で送る技術として、**ログシッピング**があります。別のサーバーに転送することでデータベースの可用性を高めたり、災害からの復旧を支援したりするために使われる技術です。

転送された先のサーバーでは、これらのログを使ってデータベースを同期します。これにより、元のデータベースが障害を起こしても、転送先のサーバーで迅速に業務を再開でき、利用者への影響を最小限に抑えられます。「常に起動している」ということから「Always On」と呼ばれることもあります。

ログシッピングは、 表5-2 の3つのサーバーで構成します。

表5-2 ログシッピングを構成するサーバー

名称	概要
プライマリサーバー	メインとなるデータベースが稼働するサーバー。トランザクションログを定期的にバックアップし、セカンダリサーバーに転送する
セカンダリサーバー	トランザクションログを受信し、その内容を使ってデータベースを同期するサーバー。プライマリサーバーに障害が発生したときは、プライマリサーバーの代替として機能する
監視サーバー	プライマリサーバーとセカンダリサーバーの状態を監視するサーバー。問題が発生した場合に管理者に通知する

5 3-1節参照。

セカンダリサーバーからバックアップを取得すると、プライマリサーバーの動作に影響を与えずにバックアップを取得できます。ただし、プライマリサーバーの更新内容を常に同期しているため、任意のタイミングに戻すことはできず、最新の内容で動作させることになります。

ログシッピングの設定方法

使っているRDBMSによってログシッピングの設定方法は異なりますが、ここではMySQLとPostgreSQLでの方法を解説します。

MySQLでログシッピングを設定する

MySQLでまずはプライマリサーバーを設定します。この設定は、上記のトランザクションログで解説した「バイナリログの有効化」と同じです。具体的には、「my.cnf」を編集して、バイナリログを有効にします。

/etc/mysql/conf.d/my.cnf

```
[mysqld]
log-bin=/var/log/mysql/mysql-bin
server-id=1
```

この「server-id」でプライマリサーバーのIDを設定します。その他の設定を変更したら、設定を適用するためにMySQLサーバーを再起動します。

```
$ sudo systemctl restart mysql
```

次に、セカンダリサーバーを設定します。こちらも「my.cnf」ファイルを編集し、サーバーIDを設定します。

```
/etc/mysql/conf.d/my.cnf
```

```
[mysqld]
server-id=2
```

そして、プライマリサーバーからデータをバックアップして、セカンダリサーバーに復元します。まずはプライマリサーバーからすべてのデータベースを出力します。

```
$ mysqldump -u root -p --all-databases --master-data > backup.sql
```

続けて、セカンダリサーバーにこのバックアップを復元します。

```
$ mysql -u root -p < backup.sql
```

後はバイナリログをrsyncなどで転送（コピー）し、セカンダリサーバーで適用する処理をcronで実行します。たとえば、1時間に1回実行するように設定すると、そのタイミングでログが転送されます。

セカンダリサーバーでは、次のコマンドを実行してレプリケーションを設定します。

```
mysql> CHANGE MASTER TO
    ->      MASTER_HOST='プライマリサーバーのIPアドレス',
    ->      MASTER_USER='レプリケーションユーザー',
    ->      MASTER_PASSWORD='パスワード',
    ->      MASTER_LOG_FILE='mysql-bin.000001',
    ->      MASTER_LOG_POS=位置;
```

そして、次のコマンドでレプリケーションを開始します。

```
mysql> START SLAVE;
```

PostgreSQLでログシッピングを設定する

PostgreSQLでも同様で、プライマリサーバーの設定は「postgresql.conf」を編集し、WALを有効にします。

```
/var/lib/postgresql/data/postgresql.conf
```

```
wal_level = replica
archive_mode = on
archive_command = 'cp %p /path/to/archive/%f'
```

この「wal_level」を「replica」に設定することで、WALファイルがレプリケーション用に生成されます。

出力先のディレクトリなどを作成し、権限を設定した後は、設定を反映させるためにPostgreSQLを再起動します。

```
$ sudo systemctl restart postgresql
```

続いて、セカンダリサーバーを設定します。こちらも「postgresql.conf」を編集します。

```
/var/lib/postgresql/data/postgresql.conf
```

```
hot_standby = on
primary_conninfo = 'host=<primary_host> port=5432 user=<replication_
user> password=<replication_password>'
trigger_file = '/tmp/postgresql.trigger.5432'
```

この「primary_conninfo」がプライマリサーバーへの接続情報です。そして、セカンダリサーバーのPostgreSQLを再起動し、レプリケーションの状態を確認します。プライマリサーバーで次のSQLを実行して、セカンダリサーバーが表示されていればOKです。

```
pgdb=# SELECT * FROM pg_stat_replication;
```

続いて、プライマリサーバーからデータをバックアップし、セカンダリサーバーに復元します。

```
$ pg_basebackup -h <primary_host> -D /var/lib/postgresql/data -U
<replication_user> -P -v --wal-method=stream
```

ログシッピングの監視と管理

ログシッピングを設定しても、何らかの問題が発生して同期に失敗すると意味がありません。このため、問題なく同期できているかを定期的に監視する必要があります。

たとえば、**表5-3** のような内容を監視します。

表5-3 ログシッピングで監視すること

監視対象	監視内容
ログのバックアップ状態	トランザクションログが定期的にバックアップされているか
ログの転送状態	トランザクションログがセカンダリサーバーに正しく転送されているか
ログの適用状態	セカンダリサーバーでトランザクションログが正しく適用されているか

一般的には、監視サーバーを用意し、プライマリサーバーとセカンダリサーバーの状態を定期的にチェックし、問題が発生した場合に通知するように設定します。また、正常に実行されているかを確認するためのログファイルを保持します。

監視サーバーでは、MySQLなどの状態を監視するために、監視スクリプトを作成して自動実行することで、定期的にレプリケーションの状態をチェックします。たとえば、次のようなコマンドが考えられます。

```
$ mysql -u $USER -p$PASSWORD -h $HOST -e "SHOW SLAVE STATUS\G" | grep
-E "Slave_IO_Running|Slave_SQL_Running|Last_Error"
```

なお、MySQL 8.0.22以降は「SHOW SLAVE STATUS」が非推奨となり、代わりに「SHOW REPLICA STATUS」を使います。たとえば、次のようなコマンドが考えられます。

```
$ mysql -u $USER -p$PASSWORD -h $HOST -e "SHOW REPLICA STATUS\G" |
grep -E "Replica_IO_Running|Replica_SQL_Running|Last_Error"
```

このようなコマンドを実行するスクリプトをcronジョブとして設定し、定期的に実行して、問題があればメールの送信などで通知するようにします。

5-3 Dockerなどのコンテナの利用

役立つのはこんなとき

- コンテナを使った環境でのバックアップについて知りたい
- コンテナを作るときのデータの投入方法を知りたい

コンテナの特性とデータの一時性

Webアプリケーションなどを開発し、それを実際の環境に**デプロイ**（配置）するとき、最近はコンテナ技術を使うことが増えています。代表的なコンテナ技術として**Docker**や**Kubernetes（k8s）**があり、多くの組織で使われています。

Dockerとは

ソフトウェアを開発するとき、開発環境と検証環境、本番環境などでまったく同じ構成の環境を用意できると、不具合の発生などを減らせます。このとき、物理的なコンピュータを複数用意するのは、場所の確保やコストの面などさまざまな課題があります。

そこで、ソフトウェアとして仮想的なコンピュータを用意する方法が以前からあり、仮想マシンなどが使われてきました。しかし、最近ではDockerなどのコンテナ技術がよく使われます。DockerはLinuxが動作するコンテナ環境で、アプリケーションとその依存関係をコンテナとしてパッケージ化します（図5-7）。

これにより、開発環境や検証環境、本番環境といった複数の環境間でも一貫性が保たれ、環境の違いによるトラブルの発生を減らせます。

図5-7 仮想マシンとDocker

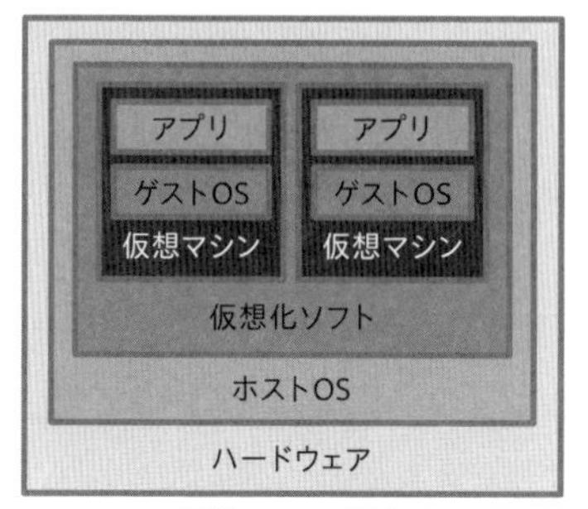

仮想マシンの場合

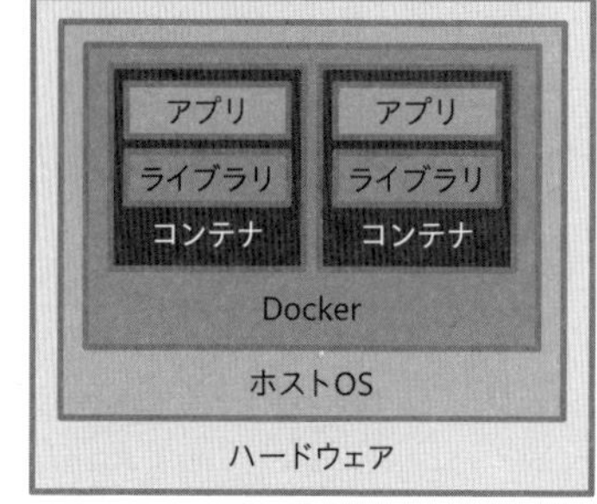

Dockerの場合

　Dockerでは、さまざまなアプリケーションなどの「イメージ」と呼ばれるテンプレートがインターネット上の「Docker Hub」に公開されており、これを使うだけで手軽に環境を構築できます。コマンドを実行するだけでイメージからコンテナを作成し、作成したコンテナからイメージを作って他の人に共有することもできます（図5-8）。

図5-8 Docker Hubでのイメージとコンテナ

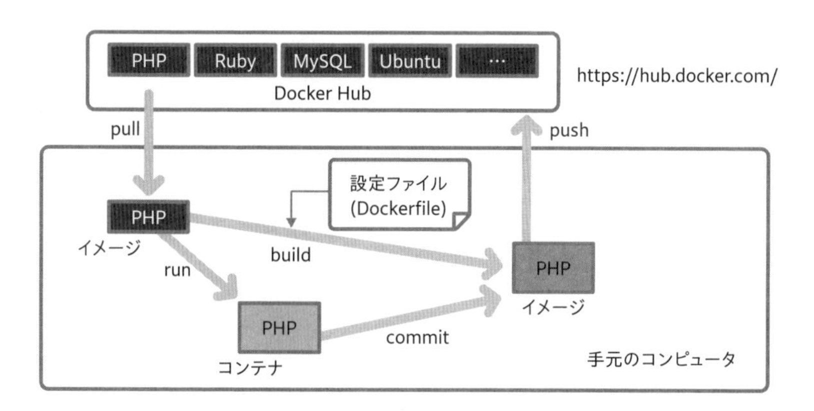

Dockerを利用してLinux環境を実行する

たとえば、AlmaLinux[6]というLinux環境を実行するには、Dockerをインストールした環境で「docker pull」というコマンドを実行し、Docker Hubからイメージを取得します。

```
$ docker pull almalinux
```

そして、「docker run」というコマンドで起動できます。

```
$ docker run -it almalinux /bin/bash
```

このように、2つのコマンドを実行するだけでコンテナを実行でき、同じ環境を用意できるのがDockerの便利なところです。

また、用意された環境を実行するだけでなく、独自のイメージを作成できます。 **図5-8** にあるように、Dockerのイメージを作成するには、Dockerfileという設定ファイルを用意します。このDockerfileには、もとになるイメージと、それを使って環境を構築する手順を定義します。

Dockerfileの使い方

たとえば、Webサーバーを構築する場合は、次のようなDockerfileが考えられます。

6 https://almalinux.org/ja/

Dockerfile

```
FROM almalinux
RUN dnf install -y httpd
ADD ./index.html /var/www/html
EXPOSE 80
CMD ["/usr/sbin/httpd", "-D", "FOREGROUND"]
```

これは、AlmaLinuxのイメージにApache（httpd）をインストールしてWebサーバーを構築し、「index.html」というHTMLファイルを「/var/www/html」という場所にコピーし、80番ポートを開けるDockerfileです。

そして、このファイルをビルド（「docker build」というコマンドを実行）することで、新しいイメージを作成できます。たとえば、次のように実行すると「masuipeo/almawebserver」という名前のイメージを作成できます。

```
$ docker build -t masuipeo/almawebserver .
```

次のように「docker run」コマンドでこのイメージを実行することで、独立した環境でホスト環境の設定などを変更することなくコンテナを動作できます。

```
$ docker run -p 8080:80 -d masuipeo/almawebserver
```

このコマンドを実行した後で、Webブラウザを開いて「http://localhost:8080」というURLにアクセスすると、「index.html」の内容が表示されます。

コンテナ技術の課題

このようなコンテナ技術を使うと、同じ環境を手軽に構築できる一方で、そのコンテナを終了すると、コンテナが起動している間に内部で保存していたデータが失われてしまいます（データの一時性）。

そこで、コンテナを終了したり再起動したりした場合でも、保存したデータを残すための**永続化**について考えます。

永続化ストレージの利用

Dockerのコンテナの内部で作成したファイルを手元のコンピュータに保存することを考えたとき、**ボリューム**と**バインドマウント**という方法があります。

ボリューム

手元のコンピュータのファイルシステムの中に、Dockerが管理するストレージ領域を用意する方法です。この領域はDockerによって生成、管理されるため、Docker以外から変更してはいけません。

バインドマウント

手元のコンピュータのディレクトリをDockerのコンテナ内にあるディレクトリにマウントする方法です。手元のコンピュータで管理するディレクトリなので、他のアプリなどからも自由に使えます（**図5-9**）。

図5-9 ボリュームとバインドマウントの違い

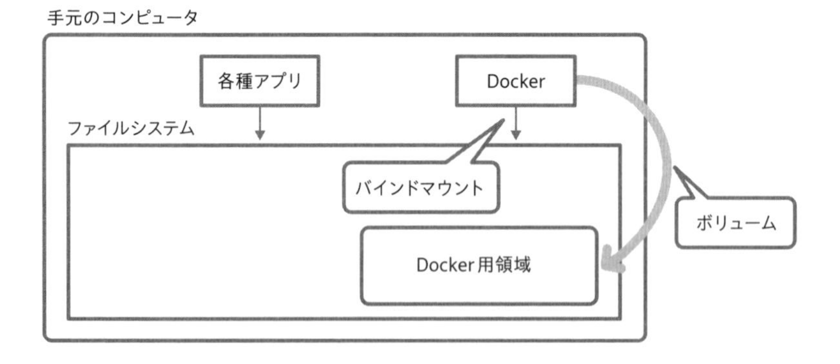

ボリュームを作成してマウントする

ボリュームを作成するには、次のようなコマンドを実行します。この場合、「sample」というボリュームが作成されます。

```
$ docker volume create sample
sample
```

どのようなボリュームが作成されたのかを確認するときは、一覧表示するコマンドを実行します。

```
$ docker volume ls
DRIVER    VOLUME NAME
local     sample
```

その中身を確認するには、次のコマンドを実行します。

```
$ docker volume inspect sample
[
    {
        "CreatedAt": "2024-08-27T00:11:10Z",
        "Driver": "local",
        "Labels": null,
        "Mountpoint": "/var/lib/docker/volumes/sample/_data",
        "Name": "sample",
        "Options": null,
        "Scope": "local"
    }
]
```

なお、Docker DesktopのようなGUIのアプリを使っている場合は、マウスの操作でボリュームの作成や確認ができます（**図5-10**）。

作成したボリュームは、コンテナを起動するときにマウントできます。次のように実行すると、コンテナ内の「/data」というディレクトリが、上記で作成した「sample」にマウントされ、データが永続化されます。

図5-10 Docker Desktopでのボリューム作成と確認

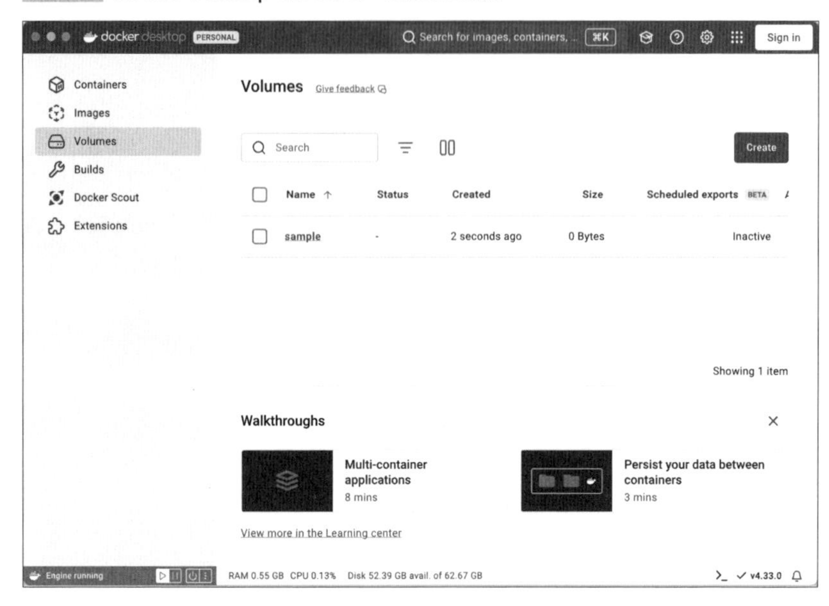


```
$ docker run -d \
  --name sample-container \
  --mount source=sample,targer=/data \
  sample-image
```

バインドマウントの場合は、次のようなコマンドを実行します。この場合、ホストマシンの「/path/to/host」というディレクトリが、コンテナ内の「/data」というディレクトリに対応します。

```
$ docker run -d \
  --name sample-container \
  --mount type=bind,source=/path/to/host,target=/data \
  sample-image
```

上記で作成したボリュームや、バインドマウントしたディレクトリをコピーしておけば、バックアップとして利用できます。ボリュームの場合は、コンテナを停止してから、そのボリュームがあるディレクトリ（例：「/var/lib/docker/volumes」の配下など）をコピーします。

なお、一般的にDockerコンテナでデータを保持するにはボリュームを使うのが好ましいとされています。

データベースの永続化

DockerはWebサーバーを構築したり、コマンドで実行するプログラムを動かしたりするために使われるだけでなく、データベースサーバーなどを構築するためにも使われます。このとき、データベースに格納されているデータの永続化も必要です。

コンテナが再起動されたときにデータが失われないようにするためには、上記のボリュームやバインドマウントを使います。たとえば、「mysql_data」という名前のボリュームを用意しておき、それを指定して次のように実行します。

```
$ docker run -d \
  --name mysql-container \
  -e MYSQL_ROOT_PASSWORD=root_password \
  -v mysql_data:/var/lib/mysql \
  mysql:latest
```

コンテナのイメージ化

Dockerでは、稼働しているコンテナをそのままイメージとして保存できます。ただし、コンテナ内でマウントされているボリュームに含まれるデータは含まれないことに注意が必要です。稼働中のコンテナをイメージ化するには、「docker commit」というコマンドを実行します。たとえば、次のようにコンテナのIDとイメージ名を指定して実行します。

```
$ docker commit xxxxxxx test_image
sha256:xxxxxxxxxx
```

その後、「docker images」というコマンドを実行すると、作成したイメージを確認できます。

```
$ docker images
```

作成したイメージをファイルにしておくと、バックアップが容易になります。「docker save」というコマンドを実行すると、作成されたファイルがカレントディレクトリに出力されます。

```
$ docker save test_image -o test_file.tar
```

出力されたファイルは外部ストレージなどに保存しておくとよいでしょう。定期的に「docker commit」と「docker save」を実行し、オンラインストレージなどに保存しておけば、最後にバックアップした状態に戻せます。

保存しておいたファイルから復元するには、「docker load」と「docker run」というコマンドを実行します。

```
$ docker load < test_file.tar
$ docker run test_images
```

ビルド時のデータコピー

Dockerでは、Dockerfileを記述することでさまざまな設定ができました。ビルド時に必要なファイルをコンテナイメージに含めておくと、必要なデータがすべて含まれたコンテナが起動し、外部からのデータ取得が不要になります。

Dockerfileによるデータのコピー

ビルド時にデータをコピーするには、次のようなDockerfileを作成して実行します。

```
Dockerfile
```

```
FROM almalinux

WORKDIR /app

COPY . /app

RUN dnf update && dnf install -y \
  package1 \
  package2

CMD ["./run-app.sh"]
```

このDockerfileでは、ホストコンピュータで実行するときのカレントディレクトリ（この場合は「.」）からコンテナの「/app」ディレクトリにすべてのファイルをコピーしています。この方法により、ビルドに必要なデータがコンテナイメージに含まれ、コンテナの起動時にデータを利用できます。

データベースの初期データの投入

ビルド時にデータベースの初期データを投入する必要がある場合、MySQLであれば、次のようなDockerfileと、初期データを投入するスクリプトを作成します。

Dockerfile

```
FROM mysql:latest

COPY init.sql /docker-entrypoint-initdb.d/
```

init.sql

```
CREATE DATABASE mydb;
USE mydb;
CREATE TABLE users (
  id INT AUTO_INCREMENT,
  name VARCHAR(255),
  PRIMARY KEY (id)
);
INSERT INTO users (name) VALUES
  ('山田太郎'),
  ('鈴木花子');
```

このDockerfileでは、コンテナを起動したときに「/docker-entrypoint-initdb.d/」というディレクトリに格納したSQLスクリプトが自動的に実行されます。これにより、データベースが作成され、データが投入されるため、Dockerファイルと初期データをコピーしておけば、まったく同じ環境をコマンドだけで再現できます。

第6章

バックアップからの復旧

バックアップは取得するだけでは意味がなく、正しく戻せることが重要です。問題なく戻せることを確認する方法を知り、さらにリストアとリカバリーの違いについても知っておきましょう。

6-1 バックアップのテストと検証

役立つのはこんなとき

- バックアップから正常にリストアできるか確認したい
- データの整合性を確保したい
- バックアップの有効性を定期的に確認したい

取得したバックアップを使って元に戻せるか確かめたいときは、実際のデータを使って確認することになります。取得しておいたバックアップデータを使って戻す作業を実施し、問題なく業務を再開できれば、バックアップに問題がないことがわかります。

このような、バックアップが正しく動いていることを確認するテストや、実際に戻した内容を検証するときはさまざまな手法があります。

データを使わず処理手順だけを確認する

どのようなデータが戻るのかを確認するだけであれば、ファイル名や容量を確認できれば十分なことも多いでしょう。そこで、ここでは実際のデータを使わずに処理手順だけをシミュレーションすることを考えます。

ドライランとは

リハーサルのように、バックアップから元に戻すシミュレーションを実施することを**ドライラン**といいます。ドライランを使うと、実際のデータに影響を与えることなく、実行したい処理が正しく設定されているかを確認できます。

rsyncでドライランを実行する

たとえば、第2章では複数のディレクトリ間を同期する「rsync」を使いました。このrsyncには「-n」[1]というオプションが用意されています。このオプションを使うと、実際にデータを同期せずとも、対象のファイルを確認できます。

```
$ rsync -avn backup restore
building file list ... done
created directory restore
backup/
backup/index.html
backup/css/
backup/css/styles.css
backup/js/
backup/js/index.js

sent 224 bytes  received 56 bytes  560.00 bytes/sec
total size is 306  speedup is 1.09
$
```

ここでは、「backup」というディレクトリのファイルを、「restore」というディレクトリに同期する処理をドライランで実行しています。「-n」以外に指定している「-a」や「-v」というオプションは第2章で解説したものです[2]。このコマンドを実行し、コピーされるファイルの一覧として表示された内容を確認します。これが想定しているものと一致すれば問題ありません。なお、実際にファイルを同期したい場合は、次のコマンドを実行します。

```
$ rsync -av backup restore
```

---

1 「--dry-run」というオプションの省略形。

2 2-3節参照。

バックアップを取得するときにも有効

ドライランはバックアップから戻すときだけでなく、バックアップを取得するときも同じように使えます。実行するディレクトリの指定が正しいことや、プログラムが問題なく動作することを確認するために実施します。

ドライランの結果、正しく動作しないことが判明すれば、実際のバックアップで発生するエラーを早い段階で修正できるため、トラブルを防げる可能性が高まります。

処理時間の見積もりは困難

ドライランによって、処理の全体像を把握できることはわかりました。しかし、ドライランを実行しても、正確な処理時間を見積もることは難しいものです。

上記のrsyncの実行結果を見ると1秒あたりの転送量が出力されていますが、コンピュータの負荷は実際に実行するタイミングにならないとわかりません。特に、以下のような条件が揃うと、処理時間はドライランで見積もった結果とは大きく異なる可能性があります。

- 大量のデータを扱う場合
- コンピュータの負荷が高い場合
- ネットワークが不安定な場合

複数の処理が同時に実行されている状況では、他の処理の影響でさらに遅くなることもあります。このため、ドライランの結果を参考にしつつ、実際の環境でテストしたり、他の処理にかかっている時間を測定したりすることで、運用環境での変動要因を把握します。

COLUMN さまざまなツールが備えるドライラン

ドライランはバックアップだけに使うわけではありません。さまざまなツールがドライランの機能を用意しており、実行する前に設定が正しく完了しているかを確認するために使われることもあります。

たとえば、PHPのパッケージ管理システムである「Composer」では、パッケージを更新するときに次のようなコマンドを実行します。

```
$ composer update
```

しかし、いきなりこのコマンドを実行すると、使っているパッケージが最新バージョンに変わってしまいます。パッケージのバージョンが変わると、これまで問題なく動作していたプログラムが正しく動作しなくなる可能性があるため、実行前に、どのパッケージが更新されるのかを知りたいでしょう。そこで、次のようなコマンドを実行します。

```
$ composer update --dry-run
```

この場合は、更新されるパッケージの一覧とバージョン情報が表示されるだけで、実際に更新は実行されません。

また、プログラムのコンパイルやビルドでの複数のコマンドの実行を自動化する、「make」というビルドツールにもドライランの機能が用意されています。makeでは一般的に、次のコマンドを実行するだけでビルドが実行されます。

```
$ make
```

このとき、「-n」や「--dry-run」というオプションを指定して実行することで、makeの処理の中で実行されるコマンドを表示できます。

```
$ make -n
```

他にもさまざまなツールで、更新系の処理を実行する前に、その処理内容が正しいかを確認できるようドライランの機能を用意しています。

特定のデータが含まれているかを確認する

企業などの組織では、全体として膨大な量のデータを保持しています。このような膨大なデータがすべて正しくバックアップされているかどうか、ファイルの中身を1つずつ確認するのは現実的ではありません。

そこで、すべてのデータを確認するのではなく、いくつかのデータを抜き出して確かめます。それらが「正しくバックアップとして保存されているか」、また「戻したときには元のデータと一致しているか」をテストする方法を解説します。

データの場所を特定する

いくつかのデータを確認するとき、まずはそのデータがバックアップのどこに保存されているかを特定する必要があります。最新のバックアップを全体バックアップで取得しているのであれば、保存されている場所を特定するのはそれほど難しくありませんが、差分バックアップや世代管理をしていると少し複雑になります。

差分バックアップであれば、短期間に何度も更新されているデータがどのタイミングのバックアップに含まれるのかを確認しなければなりません。バックアップの履歴と、そのデータの更新タイミングを調べて、対象のデータが戻したい時点の内容であるかを確認します。

世代管理をしていて、更新前のデータからの変更点などをdiffのようなツールで作成し、保持しているのであればさらに複雑です。いったん元のデータを戻したうえで、patchなどによって差分を反映しながら、特定の世代までデータを復元しなければなりません。

これらの確認をしたうえで、データの内容が正しいかを調べる必要があるのです。

コピーしたデータが書き換わっていないか

バックアップを取得していても、そのバックアップデータが元の内容と同じでなければ意味がありません。ファイルの一部が抜け落ちてしまったり、ファイルの中身が書き換えられてしまったりすると困ります。

そこで、元の内容と同じであるかどうかも確認する必要があります。このとき、いくつかの方法が考えられます。

ファイルの数を調べる

フォルダをコピーしたときに、一部のファイルが抜け落ちていないかを確認するには、ファイルの数を調べる方法が手軽です。手作業でも調べられますし、Windowsの「DIR」コマンド、Linuxなどの「ls」コマンドではファイルの一覧を出力できるため、行数などからファイルの数を数えられます。

また、エクスプローラでは、フォルダのプロパティを開くことでファイル数を表示できます。この値をオリジナルのデータとバックアップデータで比較し、変わっていないことを確認します。

図6-1 ファイル数を調べる（「DIR」コマンド）

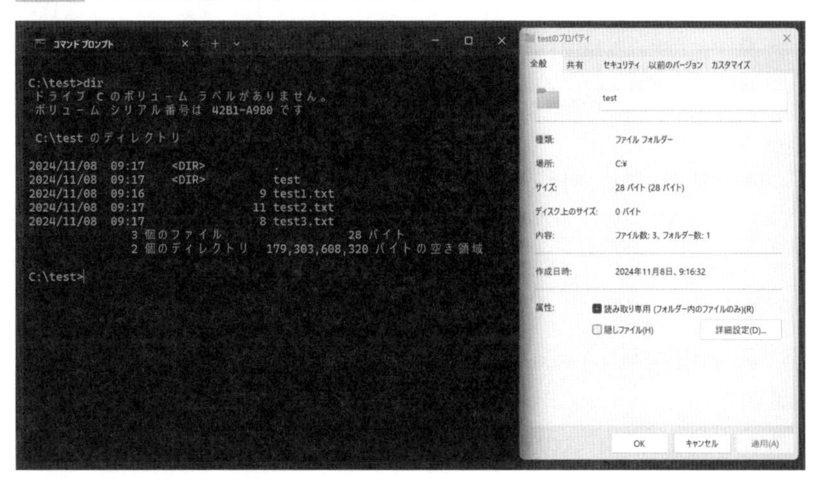

ファイルのサイズを調べる

ファイルの数が同じでも、ファイルの中身が書き換えられてしまっている可能性があります。これを見つけたいときには、ファイルのサイズを調べる方法があります。

Windowsの「DIR」コマンド、Linuxなどの「ls」コマンドではファイルの一覧を出力する際に、ファイルのサイズをあわせて表示できるので、その値を比較して変わっていないことを確認します。

ファイルの中身が変わっていないかを調べる

テキストファイルであれば、1文字を書き換えただけならファイルのサイズは変わりません。このため厳密にいえば、ファイルサイズを確認するだけでは書き換えられていないかをチェックできません。

そこで、**ハッシュ値**や**チェックサム**を使う方法があります。ハッシュ値は第3章でも解説しましたが、元のデータを少し変えるだけでハッシュ値が大きく変わるため、書き換わっていることに気付けます。

チェックサムは、「check」「sum」という英語からわかるように、合計を確認する方法です。データを数値化してその合計を計算し、複数のデータを比較することで、データが同じであることを判定します。バックアップ前後でファイルのチェックサムを計算すれば、中身が一致するかどうかを確認できます。

データベースにおける検証

データベースのテーブルをバックアップしたデータに、特定のデータが含まれているかを確認することを考えます。このとき、バックアップしたデータはCSV形式やSQL形式であることが一般的で、ここからデータの相違点を探すのは面倒です。

そこで、データベースのバックアップの場合は、エクスポートしたデータを他の環境でインポートして、データベースとして扱う方法があります。別のデータベースとして作成しておくと、そのデータベースにSQLを実行して検証できます。レコードの数を集計することもできますし、特定のレコードを抽出するときもSQLを書くだけなので手軽です（図6-2）。

図6-2 データベースを検証する

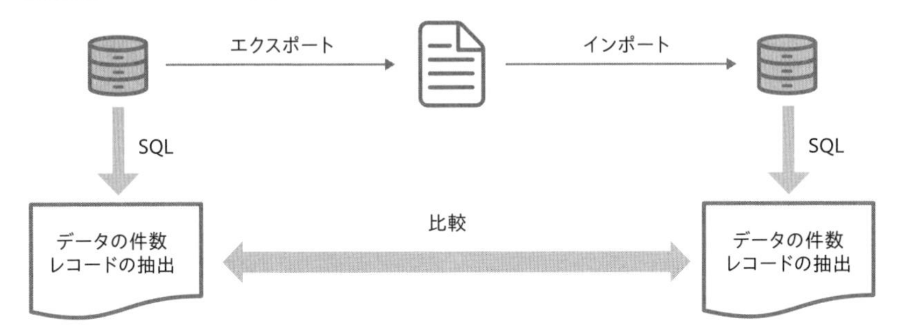

これにより、必要なデータのみを迅速に取得できるため、バックアップしたデータに必要なデータが含まれているかを容易に確認できます。

整合性を確保する

バックアップで取得したデータや、戻したデータの整合性の確保は非常に重要です。整合性を欠いていると、復元したデータによって他の業務に重大な影響を及ぼすことがあります。

対象のデータを戻したときの影響を考える

文書ファイルのように単純なファイルであれば、バックアップからコピーして戻すだけで十分かもしれませんが、そう簡単ではない場合もあります。たとえば、あるプログラムで使われているライブラリを前のバージョンに戻してしまうと、そのライブラリを使っているプログラムが動作しなくなる可能性があります。そこで、バックアップからデータを戻すときには、どのような影響があるのかを把握しておく必要があります。

一般に、新しい環境にデータをコピーするとき、アプリケーションなどは単純にコピーするだけでなく、インストール作業が必要です。Windowsであれば、インストール作業によって、レジストリなどさまざまな場所に設定が書き込まれます。このため、アプリケーションのインストールによって自動的に配置されるファイルについては、勝手に移動したりコピーしたりすることは避けるべきです。

また、アプリケーションのインストール先のディレクトリやデータファイルの位置が変わっている場合には、設定ファイルの内容を書き換えないと、正しく動かないこともあります。このように、バックアップから単純にコピーするのではなく、新しい環境に合わせて書き換える必要があります。

ファイルシステムの整合性をチェックする

正しい場所にファイルを格納しても、うまく動作しないことがあります。その原因の1つとして、一般的なファイルを格納しているハードディスクなどのストレージにエラーが起きていることが挙げられます。

ハードディスクは「セクタ」と呼ばれる単位でデータを記録していますが、初期不良や経年劣化、振動や衝撃などによって、一部のセクタに異常が発生することがあります。このようなセクタを「不良セクタ」といい、データを正常に読み出せなくなります。

不良セクタが少しだけであれば、OSでその場所を避けて格納するような制御をすることで問題なく動作することもありますが、不良セクタが増えるとデータが失われる可能性があります。このため、ハードディスクの整合性チェックを実施することがあります。

Windowsでハードディスクの整合性をチェックする

Windowsであれば、「エラーチェック」という機能が用意されており、簡単に整合性チェックを実施できます。エラーチェックを実行するには、エクスプローラなどからチェックしたいドライブを右クリックして、「プロパティ」を選択します（ 図6-3 ）。

図6-3 ディスクのプロパティを開く

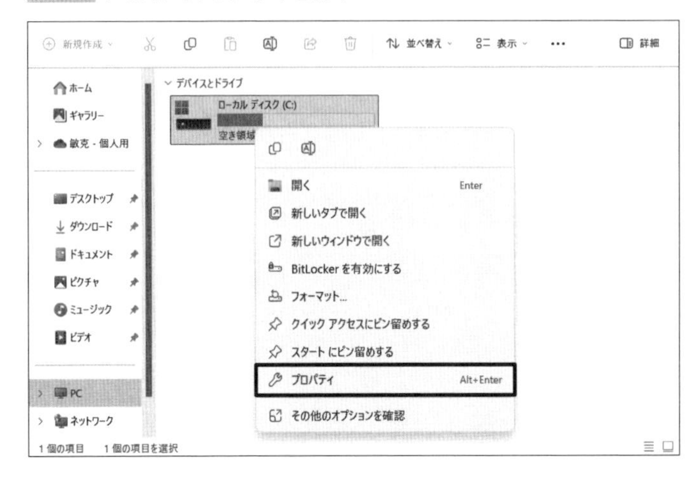

ここで開いた画面には 図6-4 のように多くのタブが並んでいます。この中から「ツール」タブを開くと、その中に「エラーチェック」という項目があります。

図6-4 エラーチェック

「チェック」というボタンを押すと、エラーチェックを実行できます。また、コマンドプロンプトなどから「CHKDSK」というコマンドを実行する方法もあります。

Linuxの場合は、「fsck」というコマンドが用意されています。このコマンドを実行することで、ファイルシステムのエラーの検出や修正ができます。

ただし、このようなチェックはハードディスクに負荷がかかるため、頻繁に実行することは避けた方がよいでしょう。

データベースの整合性をチェックする

データベースに問題がないかどうかは、RDBMSが用意している整合性チェック機能を利用できます。

MySQLで整合性をチェックする

たとえば、MySQLには「CHECK TABLE」というSQLが用意されており、これを実行すると次のような結果が得られます。

```
mysql> CHECK TABLE users;
+-----------------+-------+----------+----------+
| Table           | Op    | Msg_type | Msg_text |
+-----------------+-------+----------+----------+
| wordpress.users | check | status   | OK       |
+-----------------+-------+----------+----------+
1 rows in set (0.00 sec)
```

警告やエラーがあると「Msg_type」という列に「warning」や「error」といった値が表示されます。また、「Msg_text」の列に警告やエラーの内容が表示されます。

もしエラーが存在する場合、データベースを修復するためには「REPAIR TABLE」というSQLが用意されています。これを実行すると、MySQLがテーブルの修復を試みて、その結果が表示されます。

```
mysql> REPAIR TABLE users;
```


検証環境を用意する

一般の利用者が使う環境を用意するだけでなく、その動作を確認するための環境がシステムに用意されることがあります。このとき、一般の利用者が使う環境を**本番環境**、開発者などが検証に使う環境を**検証環境**[3]といいます。

検証環境を用意することで、本番環境に影響を与えることなく、バックアップなどのテストを安全に実施できます。どのような構成で環境を用意し、どのように検証するのかについて解説します。

検証環境の重要性

検証環境は、本番環境での動作を確認するための環境なので、本番環境と同様のハードウェアとソフトウェアを使って構成します。負荷は本番環境ほど高くなることはないため、性能はそれほど求められないことがありますが、使っているOSやアプリケーションのバージョンなどは揃えておかないと検証できません。

さらに、本番環境のデータを検証環境に複製し、バックアップデータのテストを実施します。複製されたデータを使うと、実際のデータを使えるため、テスト結果の信頼性が向上します。ただし、個人情報をそのままテスト環境に格納すると問題になる可能性があるため、ダミーデータを使ったり、データを加工したりすることもあります。

なお、検証環境でもセキュリティを確保することが重要です。データの漏洩や不正アクセスを防ぐため、適切なアクセス制御や暗号化を実施します。

---

3 検証環境は1つとは限らず、「テスト環境」や「ステージング環境」など用途に応じた環境が構築されることがある。ここではまとめて表現している。

検証環境で検証する

検証環境を構築し、検証するときは次の手順で進めます。

1. 検証環境にバックアップデータをリストアする
2. データが正しい手順でリストアされていることを確認する
3. リストアされたデータを使ってアプリケーションの動作を確認する
4. データの整合性やアプリケーションのパフォーマンスに問題がないかをチェックする
5. 検証環境でエラーハンドリングのテストを行い、正しく機能するかを確認する

この手順の中で正しく動かなかった場合は、その対応策を検討します。

定期的な検証を実施する

バックアップなどの動作を検証する作業は、一度だけ実施して終わるわけではありません。普段の業務を続ける中でデータ量は日々増加しますし、バックアップが必要なフォルダも変わります。

このため、定期的に検証を実施し、問題なくバックアップを取得できていることを確認します。もし問題が発生すれば、それを早期に修正することで、確実なバックアップを実現できます。

定期的な検証の重要性

バックアップを検証するために、定期的な検証スケジュールを設定します。たとえば、毎月または四半期ごとに検証を実施する計画を立てます。

このとき、検証を自動で実施できるツールを使うと効率がよくなります。自動化ツールは、バックアップデータのリストアや整合性チェックを自動的に実

行し、結果をレポートします。

検証結果を記録し、問題が発見された場合は速やかに対応します。記録された結果は、バックアッププロセスの改善や将来的なトラブルシューティングに役立ちます。

検証の継続的改善

検証プロセスの結果からフィードバックを収集し、バックアッププロセスの改善に役立てます。フィードバックにもとづいて設定やスクリプトを調整し、次回の検証に反映させます。

新しいバックアップ技術やツールが登場したときには、検証プロセスに導入し、効果を確認するとよいでしょう。最新の技術を活用することで、バックアップの信頼性と効率を向上させることができます。

バックアップ担当者に対する継続的なトレーニングと教育も欠かせません。担当者が最新のバックアップ技術やベストプラクティスを習得することで、バックアッププロセス全体の品質を向上させることができます。

COLUMN バックアップのドキュメント作成

バックアップの実施や検証をするときには、ドキュメントを作成しておきます。これは、新しい担当者への引き継ぎの目的だけでなく、複数の担当者での業務内容の標準化の意味もあります。

たとえば、チェックリストを作成しておくと、必要な作業が抜けることを防げますし、誰がどの作業をいつ実施したのかを記録として残すこともできます。

すべての担当者が同じ手順で作業をすることで、一貫性を確保できますし、緊急時にも慌てることなく作業できます。

6-2 リストアとリカバリー

役立つのはこんなとき

- スムーズにリストアできるよう備えたい
- いざというときに迅速にリカバリーできるようにしたい
- 災害時の復旧の手順を知りたい

リストアとは

バックアップしたデータを元の場所に戻すことを**リストア**ということを解説しました（図6-5）。コンピュータが故障したなどの理由でそのシステムが使えなくなってしまった際、バックアップしたデータを使って新しい場所で構築することを指す場合もあります。

図6-5 リストア

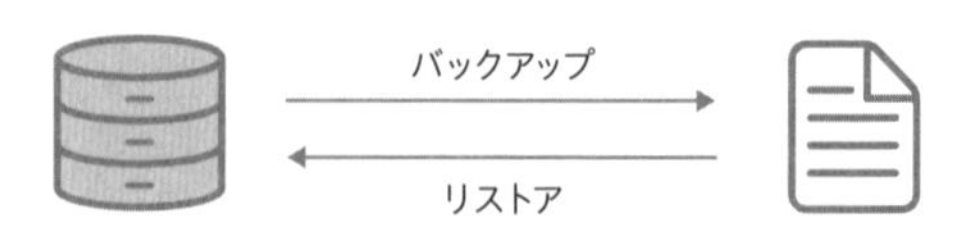

リストアの目的は、データの損失や破損が発生したときに、以前の状態にデータを戻すことです。一般的な文書ファイルであれば、元の場所にデータを戻すだけでそれまでと同じように使えます。

リストアは、個々のファイルに対しても、システム全体に対しても使われる言葉です。ひとことでリストアといっても、実際にはさまざまな問題が発生します。

リストアの課題

リストアの課題①　リストアの順序

システムやアプリをリストアするときは、データ間の依存関係に注意する必要があります。他のシステムやアプリと連携している場合、リストアする順序やタイミングを考慮しないと、システム全体として正しく動かないといった問題を引き起こす可能性があります。

これを防ぐためには、システムやアプリがどのようなデータを使っているのか、その依存関係を事前に把握し、適切な順序でリストア作業を進めるようにします。また、一度にすべてのデータをリストアするのではなく、依存関係を考慮しながら段階的にリストアします。

リストアの課題②　ハードウェアの交換

災害や故障などが発生したときは、元のハードウェアが使えない状況になっていることが考えられます。そのようなときは、新しいハードウェアを購入したり、仮想環境にシステムを構築したりして、リストアしなければならないことがあります。

異なる環境にリストアするときは、ハードウェアの互換性や性能の問題を引き起こす可能性があります。もちろん、以前の環境、同じメーカー、同じ構成のハードウェアを用意できれば、そのリスクは減りますが、生産から一定の時間が経過すると同じ構成のハードウェアを手に入れることが難しくなります。

これを防ぐためには、特殊なハードウェアに特化したシステムを構成するのではなく、一般によく使われる環境で構成することが考えられます。世の中で使われている標準的なシステムの構成にすることで、互換性の問題を最小限に抑えられます。

これを発展させたものが、第5章で解説した仮想化やコンテナといった技術の活用です。システムの構成を抽象化することで、異なるハードウェアでも容易にリストアできます。

リストアの課題③　大量データのリストア

大規模なシステムではリストアするデータ量が膨大になることがあります。このような大量のデータをリストアしようとすると時間がかかり、その間の業務が停止する可能性があります。

特に、バックアップをクラウド上に保存している場合、リストアするにはネットワーク経由でダウンロードが必要です。このとき、ネットワークの帯域幅がリストアにかかる時間に大きな影響を与えます。

すべてのリストアに時間がかかることは避けられないとしても、重要なデータから優先的にリストアし、業務を早期に再開できるようにします。また、フルバックアップからリストアするのではなく、差分バックアップや増分バックアップを組み合わせ、復旧までの工程を細かく分けることで、進捗状況を把握しやすくなり、体感的な処理時間を短くできる可能性もあります。

仮想環境やクラウド環境では、スナップショットを使うことで特定の時点のデータに素早く復元でき、システムの復旧時間を短縮させられます。

リストアの課題④　人員不足

リストアが必要になった状況によっては、人員が不足していることも考えられます。災害であれば、担当者が現地までたどり着けない、他の業務の優先度が高くシステム作業に取りかかれない、といった状況が起こりえます。

このような状況に備えるには、誰でもリストアできるようにシステム構成や設定内容、復旧の手順などをドキュメントとして作成しておく方法があります。具体的な手順だけでなく、注意点や必要なツールなども含めておくと、迷わずに作業を進められます。

ただし、運用中にシステムの構成やデータの内容が変わることが想定されるため、手順書は定期的に更新し、最新のシステム構成や環境に対応させる必要があります。

また、担当者自身もリストアの手順に習熟するために、定期的なシミュレーションなどのトレーニングを実施します。これにより、災害発生時にリストア作業を円滑に進められるようになります。

　どうしても作業が困難な場合や、組織内に十分な人員を確保できない場合には、外部のリソースを活用することも考慮します。災害復旧を専門としている事業者に依頼することで、リストア作業を迅速かつ効率的に進められます。そうすることで組織内の人員の負担を軽減し、信頼性を向上させることにもつながります。また、クラウドサービスを活用していれば、リモートからリストアを実行できる可能性もあります。災害などで現地にたどり着けなくても、システムを復旧できるかもしれません。

　もう少し高度な方法として、リストア作業を自動化する方法が考えられます。バックアップは自動化していても、リストア作業は自動化されていないことが多いものです。スクリプトやツールを活用して、リストアの処理を自動化しておくことで、手動でリストアすることによるミスを減らし、スムーズにリストアできる可能性が高まります。

リカバリーとは

　リストアに似た言葉として**リカバリー**があります。システムやデータベースを「正常な状態」に戻す作業を指すことが多く、パソコンであれば工場出荷時の初期状態に戻す操作を表すこともあります。この場合、データは復元されていませんが、システムとしては動作するようになります（図6-6）。

図6-6 リカバリー

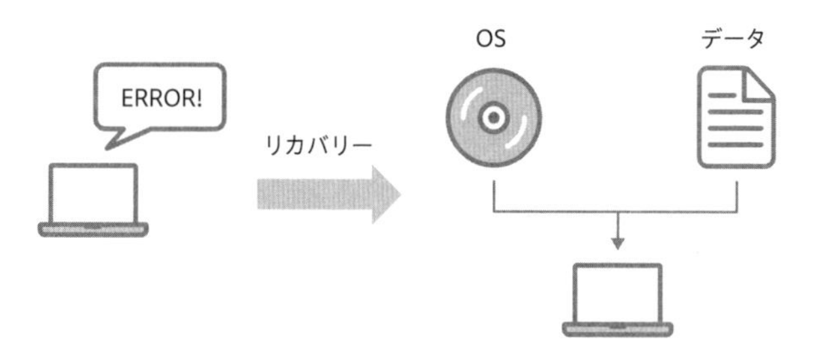

もちろん、データを復元して、システムを使える状態にすることを指すこともあり、この場合はデータを戻すリストアに加えて、システムとして使えるように設定することを指します。

リカバリーの目的は、「正常な状態」に戻すことです。つまり、ストレージの故障、停電、災害などによってシステム障害が発生したときに、システムを再構築し、稼働まで実現することを指します。つまり、単にデータを復元するだけでなく、システム全体として動作できるように再構築することが含まれます。

リカバリーとライセンス

リカバリーでは、一部のデータを戻すだけではなく、システム全体や特定のアプリケーション全体を戻して、使える状態にしなければなりません。当然、データのリストアに加えて、システムの設定やアプリケーションの再インストール、サービスの再起動などの作業を実施します。

導入しているソフトウェアのライセンスなどを把握しておかないと、データをリストアし、ソフトウェアも導入したとしても、「ライセンスがなくて使えない」といった事態が発生します。ライセンスによっては、使える機器の台数などに制限が定められており、古い環境からライセンスを削除しないと新しい環境では使えないこともあります。このため、導入しているライセンスの種類や特徴を把握しておかなければなりません。

仮想マシンのリカバリー

バックアップとして保存しておいたデータは容量が大きいため、圧縮して保存していることが一般的です。これを使えるようにするには、ネットワーク経由で転送したうえで展開するといった作業が必要です。

しかし、仮想マシンの場合、システム全体のバックアップデータをそのまま読み込んで、簡単にリカバリーできる仕組みを用意していることがあります。これを**インスタントリカバリー**といいます。

インスタントリカバリーは、システム障害が発生したときに、データの転送や展開などの作業が完了するのを待つことなく、ネットワーク上にあるバックアップデータを使って、すぐにシステムを再稼働できる機能です（図6-7）。大容量の仮想マシンでも、すべてのデータを転送するまで待つ必要がなくなるため、システムを使い始められるまでの時間を短縮できます。

図6-7 インスタントリカバリー

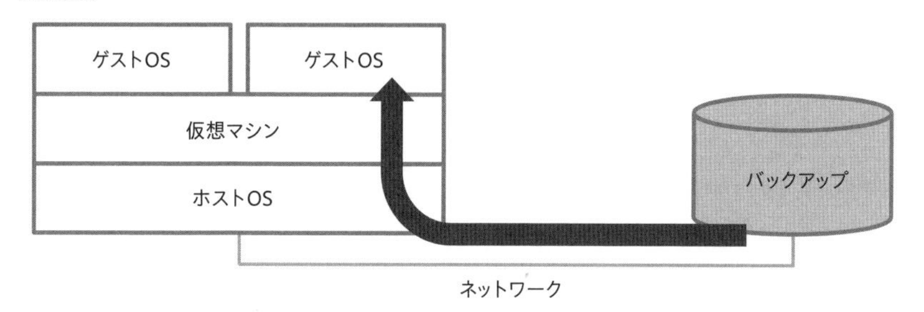

データベースのリカバリー

データベースの場合には、リストアで障害発生前にバックアップされた状態までテーブルへのデータを戻した後で、トランザクションログなどによってバックアップ以降の更新を反映することをリカバリーと呼ぶことがあります。つまり、リストアの後にリカバリーの工程があります。

リカバリーでのテスト

リストアやリカバリーを正しく完了できるかを確認するために、普段からリカバリーまで含めたシミュレーションテストを実施します。このとき、実際にバックアップから戻す必要がある状況を想定して、その手順や復元するデータをシミュレーションします。

復元されたシステムを使って業務ができるかを含めて検証することで、問題点やボトルネックを事前に特定できます。このとき、システム全体をテストするのではなく、特定のデータやアプリケーションに対するリストアテストを定期的に実施すると有効です。システム全体のテストになると、複数の担当者が関わって大がかりなテストになってしまいますが、範囲を絞り込むことで効率よくテストできます。

バックアップと同様に、リカバリーについても一度だけでなく、定期的にテストを実施します。システムの構成やデータの内容は変わりますし、担当者が変わることもあるため、リストアやリカバリーの手順が変わることも考えられます。そこで、半年や1年といった頻度でテストを実施することで、リカバリーにかかる時間の最適化を目指します。

COLUMN

マイグレーションのいろいろ

ソフトウェアやシステム、データなどを別の環境に移転したり、新しい環境に切り替えたりすることを**マイグレーション**と呼ぶことがあります。

マイグレーションが必要になる理由として、ハードウェアの保証期間やリース期間の終了などが挙げられます。これらが終了する頃には、新しい機種が登場していることが多いものです。このとき、いままでと同じOSやアプリケーションなどを継続して使えればよいのですが、長く使っているとOSやアプリケーションをそのまま使えないことがあります。

新しいOSが登場したとき、使用しているアプリケーションを新しいOSに対応させることが考えられますが、開発元が新しいOSをサポートしない方針をとる可能性もありますし、そもそも開発元が廃業しており対応できないこともありえます。

こういった状態になると、既存のシステムを延命させることを考えるしかありません。このような移行や延命を考えたとき、**P2V（Physical to Virtual）**というキーワードがよく使われます。

P2Vは、これまで物理環境として構築していたサーバーなどを、仮想環境に移行するものです。これにより、ハードウェアの保証期間やリース期間などの課題を解決するとともに、移行時のトラブルを最小限に抑えられます。

その他にも、移行元と移行先のパターンを考えると、P2P、P2V、V2P、V2Vという4つに分類できます（図6-8）。

図6-8 マイグレーション

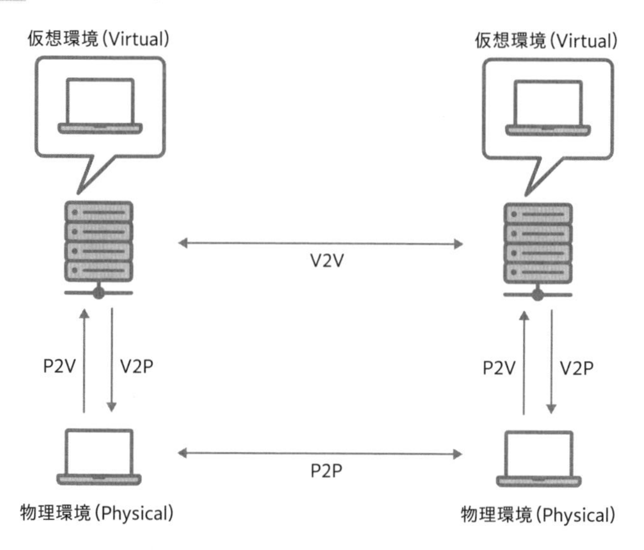

物理環境同士の移行であっても、古い環境から新しい環境にOSやアプリケーションを変更することがあります。数十年前に構築されたような環境から変更することを**レガシーマイグレーション**といいます。

また、仮想化された環境で動作しているOSやアプリケーションを停止することなく、他の環境に移動させる**ライブマイグレーション（ホットマイグレーション）**という機能もあります。移動している最中に一瞬の切断が発生することがありますが、利用者としては仮想環境が移動していることをほとんど意識することなく使い続けられます。

ベアメタルリストア

ハードウェアの老朽化や故障などにより、新しいハードウェアにシステムを再構築したいことがあります。このときは、新しい機器を購入したり、既存の機器を修理したりしたうえで、ゼロから新しいシステムを作り、データを移行します。これらの復旧時に考えるべきことについて解説します。

ベアメタルリストアとは

物理的なハードウェアに対して、システム全体を復旧する処理を**ベアメタルリストア**といいます。これは、OSやアプリケーション、設定、データを含む完全なリストアを指します。このため、新しいハードウェアにシステムを再構築する場合や、ハードディスクが完全に破損した場合などに使われます。このとき、次の手順でベアメタルリストアを実施します。

1. リストア対象のハードウェアとして、新しい機器を購入するか、既存の機器を修理したものを用意する
2. バックアップしたデータを保存しているメディアを準備する
3. リストア用のソフトウェアでコンピュータを起動する
(一般的には起動ディスクと呼ばれるCDやDVD、USBメモリなどを使ってシステムを起動する)
4. 画面に表示されるメニューを使ってバックアップデータを選択し、リストアの処理を実行する

多くの場合、画面の指示に従って操作するだけで、OSやアプリケーション、設定、データが順に復元され、システムを再起動して正常に動作することを確認すれば完了です。

ベアメタルリストアのメリットと課題

ベアメタルリストアを使うと、OSやアプリケーション、設定、データを完全にリストアできます。このため、コンピュータを買い替えたときなど、新しいハードウェアにシステムを移行する際に便利です。

一方で、旧システムで大量のデータを保有している場合、そのリストアには時間とリソースを要します。また、新しいハードウェアが古いハードウェアと異なる場合、互換性の問題が発生することがあります。

MEMO Windowsや macOSのベアメタルリストア

第2章では、Windowsの「システムイメージ」や「システム修復ディスク」「復元ポイント」、macOSの「Time Machine」などについて解説しました。これらもベアメタルリストアの一種です。

災害復旧

地震や火事、水害などの自然災害が発生すると、通常の復旧方法を採用できないことがあります。このような状況からの復旧について考えます。

災害復旧と災害復旧計画

自然災害などによって引き起こされる重大なシステム障害からの復旧を**災害復旧（DR；Disaster Recovery）**といいます。このような災害が発生すると、組織としてビジネスを継続することが難しくなりますが、安全を確保しつつ業務を再開しなければなりません。

現代は業務にITを活用することが当然になっており、業務を再開するためにはシステムを迅速に復旧することが求められます。このためには災害に備えた作業を計画的に進めておく必要があり、事前にどれだけの対応を実施しておけるかが復旧までの時間に大きく影響します。

第1章で解説したように、**DRP（災害復旧計画）**には、復旧手順や責任者、連絡先、使用するツールやリソースなどが含まれます。誰がどのような順序で、どのような対応を実施するのかも考えておく必要があります。そして災害が発生した場合は、このDRPにもとづいて迅速に対応します。

災害復旧の基本的な流れ

災害からの復旧において、システムに関する部分としては、バックアップしたデータをもとにシステムを復旧する処理を指します。全体としては 図6-9 のような手順で進められます。

図6-9 災害復旧の流れ

災害が発生したときには、世の中が平常時とは異なる状況になっています。このため、新しいハードウェアを購入しようと思っても入手が難しかったり、配送が滞ったりするといった問題が発生します。

また、災害から復旧するときには、ハードウェアやソフトウェア、リソースの費用がかかります。まずは災害によってどの部分が損傷を受けたのかを評価します。コンピュータなどのハードウェアの破損、データの消失、システムの停止など、影響範囲を特定するとともに、どのような優先順位で対応するのかを決めます。

続いて、バックアップしておいたデータの整合性を確認します。バックアップしておいたデータが破損していると復元作業が失敗するため、事前にデータの整合性を確認しておきます。

データに問題がなければ、復元すべきデータやシステムの範囲を特定し、リストアを実施します。このとき、「フルバックアップからリストアするのか」「差分バックアップや増分バックアップのデータを使うのか」なども検討します。

リストアが終われば、システムが正常に動作しているかを検証します。短い時間でも実際にテストとして運用し、問題がないことを確認して、業務を速やかに再開できるようにします。

第7章

可用性の確保

システムの一部が故障したことでシステム全体が停止してしまうと困るため、障害が起きたときもシステム全体としてある程度の機能を維持することを考えなければなりません。
このときにバックアップが必要なのはデータだけではありません。ネットワーク、ハードウェア、ソフトウェアなどのバックアップも含めた考え方について解説します。

7-1 バックアップによるセキュリティの確保

役立つのはこんなとき

- バックアップとセキュリティの関係を知りたい
- セキュリティを意識したバックアップを取得したい

バックアップと情報セキュリティの関係

ここまでの6つの章では、データをバックアップするときの技術や手法、考え方について解説してきました。これらが求められる背景には、故障や自然災害、ミス、ウイルス感染などさまざまな脅威からデータを守ることがあります。

そして、これらはいずれも情報セキュリティと密接な関係があります。情報セキュリティは「情報資産を守る」ことと密接な関係があるため、この情報資産とバックアップの関係について考えてみます。

セキュリティの3要素

企業を運営していくときに必要なものとして、「ヒト」「モノ」「カネ」そして「情報」があるといわれています。ヒト・モノ・カネを守ることは「物理セキュリティ」といわれ、金庫に入れたり警備を導入したりします。

一方、情報を守ることは「情報セキュリティ」に該当します。そして、情報セキュリティで守るべきものが「情報資産」であり、第1章の冒頭で情報資産について具体的な例を挙げて解説しました。

　ただし、情報セキュリティと物理セキュリティを切り離して考えることはできません。たとえば、バックアップとして取得したデータをDVDなどの媒体に保存すると、その媒体を守る必要があります。ここでは物理セキュリティも必要です。保存しておいた媒体を紛失したり盗難被害に遭ったりすると、情報漏洩の事案になるため、物理セキュリティと情報セキュリティの両面から考えなければなりません。こういった事案の発生を避けるために、バックアップを取得しないという選択をすると、システムに障害などが発生したときに対応できなくなります。

　紛失や盗難から守るために、何重にも鍵をかけるなど機密性や完全性を確保することも重要ですが、そのデータを使えないと意味がありません。つまり、機密性と完全性に加えて可用性を考えることがセキュリティでは求められており、この3つは**セキュリティの3要素**と呼ばれています。それぞれ英語では 図7-1 のようになり、頭文字を取って「CIA」と呼ばれることもあります。

図7-1 セキュリティの3要素

機密性(Confidentiality)
・許可された者だけが利用できるように設計されていること

完全性(Integrity)
・改ざんや破壊が行われておらず、内容が正しい状態にあること

可用性(Availability)
・障害が発生しにくく、障害が発生しても規模を小さく抑えられ、復旧までの時間が短いこと

トレードオフの関係

　これらの3つは、いずれかに力を入れると他が犠牲になるという、**トレードオフ**の関係にあるといわれています。たとえば、機密性を高めようとして暗号化や認証などを追加すると使い勝手が悪くなって可用性が低下しますし、可用性を高めようとすると機密性が低下してしまう、といった関係を指します。

ここで重要なのはバランスです。機密性を強化して安全性が高まっても、実用性の面で使いづらいシステムでは、業務効率が低下してしまいます。逆に、利便性が高いシステムでも機密性がおろそかでは問題になります。

このトレードオフの関係を意識し、バックアップが担う役割について考えてみましょう。

機密性の確保

まずはバックアップしたデータの機密性を確保することや、機密性を高めるための考え方について見ていきます。

バックアップしたデータの暗号化

バックアップを保存するとき、単に他の媒体にデータをコピーするだけでは、その媒体に保存されているデータを誰でも閲覧できてしまいます。たとえばCDやDVDに保存していると、その媒体にアクセスできれば、情報の持ち出しが可能になります。CDやDVDではファイルに利用者ごとのアクセス権限を設定することはできないため、内部ストレージで設定していた権限は無効になるためです。

そこで、このような媒体にバックアップするときはデータをコピーするだけでなく、暗号化して保存します。ZIPファイルなどで圧縮したものにパスワードを設定する方法もありますし、外付けストレージの暗号化機能を使う方法もあります。

ここで問題になるのは、暗号化するときに使用したパスワードや鍵の管理です。データを暗号化して保存すると安全性は高まりますが、復号するためには暗号化するときに使ったものに対応するパスワードが必要です。これらのパスワードを第三者に知られてしまうと、暗号化した意味がないため、適切な管理が求められます。

パスワードが漏洩した可能性がある場合には、パスワードを変更して再度データを暗号化する必要があります。また、鍵をローテーションする方法が使われたり、鍵を管理するために**鍵管理システム（KMS；Key Management System）**が使われたりします。特にクラウド環境に保存する場合は、クラウド事業者が提供するKMSを活用して、鍵管理のセキュリティを高める対策をすることが求められます。

物理的なセキュリティ

サイバーセキュリティに加えて物理的なセキュリティもバックアップの重要な要素です。バックアップした媒体を保存している場所に自由に入退室できたり、保管している棚に誰もがアクセスできたりすると、元のデータにアクセス権限を細かく設定していても、それを回避する方法があることを意味します。

このため、バックアップデータを保存するデータセンターなどでは、その施設に対して物理的なセキュリティが導入されています。一般的なデータセンターでは、部外者の侵入を防ぐために監視カメラが設置されており、入退室時には暗証番号やICカード、生体認証などによるアクセス制御が実施されています。また、金属探知機によるチェック、災害対策など、さまざまな防御手段が講じられています。

社内でバックアップデータを保管するときには、ここまでの対策を実施する必要はなくても、鍵のかかるキャビネットに保管する、必要な権限を持っている人だけが入室できる部屋に保管するといった対策を行い、バックアップしたデータの盗難や破壊のリスクを低減することが求められています。

多層防御の一部としてのバックアップ

セキュリティには**多層防御**という考え方があります。1つの対策を実施するだけでは、その対策を突破されたときに攻撃が成功してしまいます。そこで、複数の防御手段を用いて、攻撃が成功する可能性を減らすのです。

多層防御を考えるときは、入口対策と出口対策、内部対策に分けて考えます（図7-2）。

図7-2 多層防御

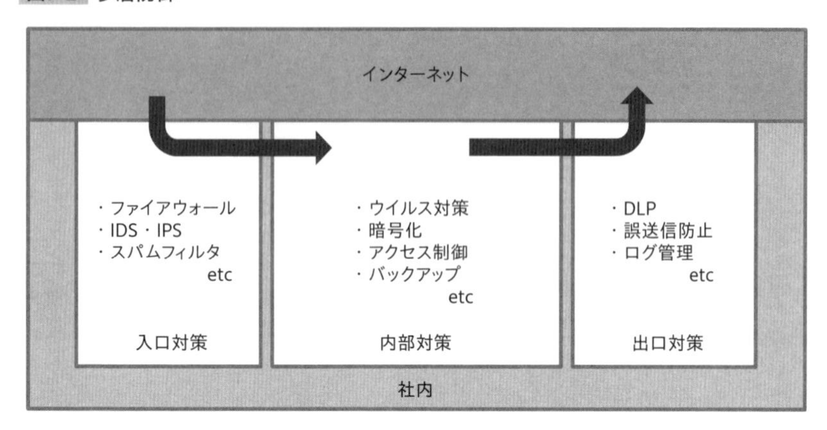

バックアップは、この多層防御の考え方では内部対策に該当します。他にもさまざまな対策が実施されますが、データが失われたときの安全策の1つだと考えられます。

完全性の確保

保存しておいたバックアップが勝手に書き換えられることを防ぐだけでなく、元のデータが書き換えられたときの備えとしてバックアップによって完全性を確保することを考えます。

改ざんの検出と復旧

バックアップを取得した状態は、同じデータが複数存在することを意味します。これにより、1つのデータに問題が起きても、他に保存しておいたバックアップからデータを復元できます。

これは、完全性を確保するために使えます。たとえば、外部からの攻撃や悪意のある従業員によってデータが改ざんされたときに、元のデータが失われることは、企業などの組織の運営に対するリスクだといえます。業務を円滑に進められなくなり、誤った意思決定にもつながります。

改ざんを検出するために、データのチェックサムやハッシュ値を利用する方法はすでに紹介しました[1]。その他にも、データの改ざんの有無を検出するために、Tripwire[2]などの変更検知ツールが用いられます。

Tripwireでは、システムが正常な状態でファイルやディレクトリの一覧を保存し、そのときの状態と現在の状況を比較することで、次のような変更を検出できます。

- ファイルの内容の変更
- ファイルやディレクトリの追加、削除
- ファイルやディレクトリの所有権やアクセス権の変更

何らかの変更が検出された場合、その内容を管理者に通知する仕組みを構築することで、変更内容や履歴を確認できます。Webサーバーに導入しておくと、Webサイトなど外部に公開している情報が、外部からの攻撃によって改ざんされたとしても、それに気付いてバックアップから戻せます。

ここで重要なのは、改ざんなどの被害に遭ったときに、単にバックアップからデータを戻すだけでは十分ではないことです。外部からの攻撃によって改ざんできたということは、その攻撃が可能な原因を突き止めて修正しておかないと、何度も同じ被害に遭ってしまいます。バックアップで対応できるのはあくまでもデータの復旧のみです。システムの復旧を考えたときには、元に戻すだけではなく、原因の調査などが求められることを覚えておきましょう。

内部脅威に対する備えとしてのバックアップ

セキュリティの視点からは、外部の攻撃者から守るだけでなく、内部の脅威

1 6-1節参照。
2 https://www.tripwire.com/ja

にも目を向ける必要があります。当然ながら従業員は、業務に必要なシステムにアクセスできる権限を持っています。このような権限を悪用し、正規のユーザーが意図的に重要なデータを削除したり、漏洩させたりする可能性があります。たとえば自身の待遇に不満がある従業員や委託契約業者が、意図的にデータを破壊するかもしれません。

これは企業にとって大きなリスクです。アクセス権限を持つユーザーが故意にデータの書き換えや削除をした場合、即時の検知や復旧が難しいためです。

もちろん、このような事態を引き起こさないように、普段から従業員に対する教育や待遇の改善、契約業者との間での契約条件を見直すことも重要ですが、バックアップを取得しておくことで、データを戻すことが可能になります。

ログファイルのバックアップ

改ざんを防止するとき、一般的に使うデータに加えて、システムが出力するログファイルについてもバックアップが必要です。ログファイルには、システムやネットワーク内で発生したイベントが記録されており、監査証跡[3]としても使われます。

この内容が改ざんされていると、何らかの事案が発生した際に、原因や影響範囲を調査できなくなったり、調査結果の信頼性が確保できなくなったりします。

そこで、ログが削除されたり、内容を書き換えられたりした場合に備えて、定期的にバックアップを取得しておきます。これにより、バックアップした時点までのログは復元でき、調査に役立てられます。

なお、ログを他のサーバーなどに転送する仕組みとして、fluentd[4]などがあります。fluentdは、データ収集ソフトウェアと呼ばれ、ログに限らずさまざまなシステムが出力するデータを、他のサーバーなどに転送して一元管理できます（ 図7-3 ）。

---

3 システム監査の際に用いられる資料のこと。

4 https://www.fluentd.org

図7-3 fluentd

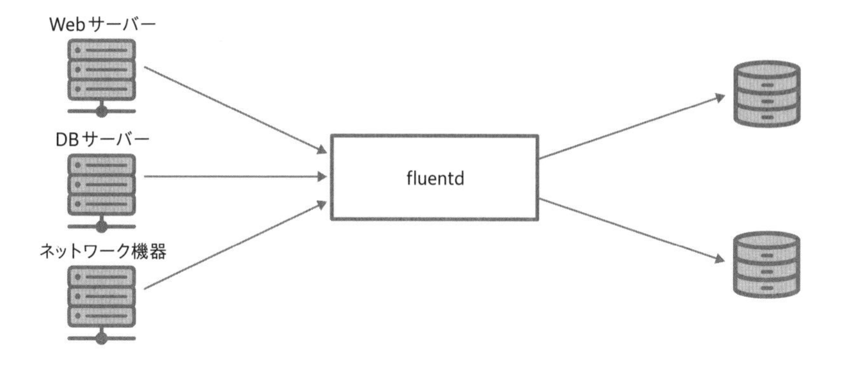

一般的には、収集したログをデータウェアハウスなどのデータベースを使って一元管理し、そのデータを分析するために使いますが、この仕組みはバックアップにも活用可能です。保管先をバックアップ用のサーバーに指定すると、ログを他の場所に保管できます。

可用性の確保

本書の各章で述べてきたとおり、データをバックアップすることは、障害などから復旧するまでの時間を短縮することにつながります。つまり、可用性を高めることが主なメリットです。復旧についてはこれまで見てきたので、ここでは復旧以外の面で、可用性を確保するために必要な考え方について解説します。

SLAの設定

最近は便利なサービスがクラウドとして提供されることが増えており、安価な初期費用で使えるため、導入している企業は多いでしょう。しかし、使っているサービスに障害が発生して使えない状態になると困ります。それに備えて、サービスの提供者と利用者の間で契約を締結します。

この契約にはさまざまな種類がありますが、提供されるサービスの質について取り決められる契約として**SLA（Service Level Agreement）**があります。SLAを設定することで、サービスの提供者は顧客に対して一定の品質を保証し、顧客は提供されるサービスに対する期待値を明確にできます。このSLAとして設定した値を下回ったときには、契約内容に応じて利用料金の減額などが実施されます。SLAには、サービスの可用性や性能、応答時間、サポートの対応時間などが含まれます。

たとえば、可用性を考えると、サービスが利用可能な状態である時間の割合を指す稼働率などの指標が使われます。稼働率の値と年間の停止時間には、**表7-1**のような関係があります。

表7-1 稼働率と年間の停止時間

稼働率	年間の停止時間
99%	約3.65日
99.9%	約8.76時間
99.99%	約52分
99.999%	約5分

このように、稼働率の値が1桁違うだけで、停止時間に大きな差があることがわかります。社内システムであれば年間3日ほど停止してもそれほど影響はないかもしれませんが、オンラインショッピングのサイトが年間3日停止すると、ビジネスに大きな影響があるでしょう。

このため、業務内容やその重要度に応じて、自社に合ったSLAの契約を締結することが求められます。

なお、SLAと似た言葉として**SLO（Service Level Objective）**があります。これは、サービス提供者が目標値として設定する品質水準を指します。これはあくまでも「目標」なので、SLAのように設定した値を下回ったときの減額などの罰則はありません。

サービス提供者の立場でSLAやSLOを策定するときは、現実的かつ達成可能な目標を設定することが重要です。過度に高い目標を設定すると、提供者にとって過剰な負担となり、顧客にとっては不満の原因となる可能性があります。また、定期的に内容を見直し、改善を図ることも重要です。

COLUMN 大手クラウドサービス事業者のSLA

SLAの参考として、2024年11月時点で大手クラウドサービス事業者が設定しているSLAの値を確認してみましょう。

たとえば、PaaSやIaaSと呼ばれるクラウドサービスとして、Amazon Web Services（AWS）やGoogle Cloud、Microsoft Azureなどがあります。

- AWS EC2
  リージョンレベルSLAの場合：99.99%
  インスタンスレベルSLAの場合：99.5%
- Google Compute Engine（Premium Tier）
  複数ゾーンのインスタンスの場合：99.99%
  ロードバランシングを用いる場合：99.99%
- Google Compute Engine（Standard Tier）
  複数ゾーンのインスタンスの場合：99.9%
  ロードバランシングを用いる場合：99.9%
- Microsoft Azure Virtual Machine
  同じリージョンの2つ以上の可用性ゾーンにわたってデプロイされた2つ以上のインスタンスを持つ場合：99.99%
  同じ可用性セット、または同じ専用ホストグループにデプロイされた2つ以上のインスタンスを持つ場合：99.95%

7-2 認証要素のバックアップ

役立つのはこんなとき

- パスワードを安全に管理したい
- パスワードを使わずに認証したい

IDとパスワードでの認証

インターネット上には便利なサービスがありますが、これらを使うときには利用者を識別するために、IDやパスワードなどを使ったログインを求められることが多いものです。

IDやパスワードは利用者を識別・認証するために使われ、ログインした利用者に権限を付与する認可の役割にも使われます。このため、IDやパスワードを適切に管理することが求められています。それに加えて、最近は他の方法を使ったログイン方法も登場しています。これらを管理することについて考えます。

増え続けるID

インターネット上のWebサイトへのログインだけでなく、メールやファイル共有ソフトを使うときにもログインが求められます。それ以前に、パソコンやスマートフォンを起動したときにもログインが必要です。

このため、「IDやパスワードを忘れた」といった理由でログインできなくなると、システムやデータへのアクセスができなくなり、業務に大きな影響があるでしょう。それだけでなく、IDとパスワードの組み合わせが漏洩すると、第三者が不正にログインできてしまいます。

こうしたことから、IDとパスワードは適切に管理する必要があります。ここで問題になるのは、利用者が使っているIDの数が増え続けていることです。SNSやチャットをはじめとして、インターネット上には便利なサービスが数多くありますが、それらを使うためには新しいIDを作成しなければならないのです。

そして、それぞれのサービスに応じて別のパスワードを設定しなければなりません。同じパスワードを設定すると、パスワードの数が増えることは防げます。しかし、パスワードが他人に知られてしまうと、同じパスワードを設定しているすべてのサービスにログインされてしまいます。

このため、パスワードを使い回さずに、すべてのサービスで異なるパスワードを設定するべきです。また、単純なパスワードでは総当たり攻撃[5]などで突破される可能性があるため、長く複雑なパスワードを設定しなければなりません。

このように「長く複雑」なパスワードを「使い回さない」となると、多くのサービスに登録したパスワードをすべて覚えておくことは、もはや現実的ではなくなっています。

パスワード管理ソフトの利用

多くのパスワードを覚えておくのは現実的でないため、**パスワード管理ソフト（パスワードマネージャー）**を使う方法が考えられます。パスワード管理ソフトは、複数のパスワードを安全に管理するためのツールです。パスワードを管理するだけでなく、長く複雑なパスワードを自動生成したり、後述する2段階認証の認証コードを生成したりする機能を備えているものもあります。

また、登録したWebサイトを表示したときに、そのWebサイトのパスワード入力欄に自動入力する機能を備えていることが多いですが、フィッシング詐

5 考えられるパターンのパスワードをすべて試すという攻撃手法。

欺などの偽サイトにアクセスした場合は自動入力されないので、パスワードを保護することにつながります。

さらに、クラウドの同期機能を使って、複数のデバイス間で認証情報を共有できます。これにより、使い勝手もよく、パスワードの管理が楽になることから、多くの専門家が推奨しています。

パスワード管理ソフトを使うことを推奨すると、パスワード管理ソフトからの情報漏洩について懸念する人がいます。過去にもパスワード管理ソフトの脆弱性などが指摘され、実際に情報漏洩などの事件も発生しています。

セキュリティに完全はないため、パスワード管理ソフトが最適だというわけではありません。ここで考えるのは、リスクの大きさです。長く複雑なパスワードを使い回さずに設定し、それを覚えておくことができないのであれば、単純なパスワードを使ったり、使い回したりすることになります。紙にメモをしていると、それを盗み見られる可能性もあります。また、フィッシング詐欺のサイトに入力してしまうリスクもあります。

このようなリスクと、パスワード管理ソフトに脆弱性が見つかって情報が漏洩するリスクを勘案し、どちらを選ぶのかを考えましょう。

外部ストレージに保存する

パスワード管理ソフトを使ってクラウドなどに認証情報を保存する方法は便利ですが、クラウドに障害が発生しているなどの原因で連携できなくなると、パスワードがわからず、ログインできなくなる可能性があります。

そこで、認証情報を手元にもバックアップとして保管しておくことが考えられます。コンピュータがウイルスに感染して情報が漏洩するリスクを避けるには、外部ストレージなどに保存する方法があります。

物理的な紙に書いておく

ウイルス感染や乗っ取りといったサイバー攻撃への対策を考えると、IDやパスワードを紙に書いて保存しておく方法もあります。物理的な紙に書いておくと、その情報をネットワーク経由で盗み見ることは困難です。ただし、紙に書いたものをコンピュータのディスプレイの近くに付箋などで貼っておくのは、周囲にいる第三者が閲覧できる可能性があるため避けるべきです。

すると、自分だけしか触らない手帳などに書いておく、金庫に入れる紙に書いておく、といった方法が考えられます。このとき、紛失や盗難に遭って盗み見られる可能性を考えると、第三者が見てもわからないように書く必要があります。たとえば、パスワードの前後にいくつかダミーの文字列を追加しておく、といった工夫により、本人以外にはそのルールがわからないようにできます。

このような紙ベースでの管理は、コンピュータに慣れていない人でもわかりやすく、手軽な方法だといえます。

パスワード忘れに備える

パスワードを忘れた場合に備え、サービスを提供している企業もさまざまな対策を実施しています。たとえば、ログインIDを入力すると、パスワードを再発行し、そのログインIDに関連づけられているメールアドレスに送付する方法などがあります。

しかし、メールアドレスを登録していないとこの方法は使えませんし、メールアドレスが変更された場合は届きません。そこで、パスワードを忘れたときの対策として、**秘密の質問（セキュリティ質問）**が使われることもあります。

これは、利用者だけが知っている知識を使って本人であることを認証する手段で、パスワードのバックアップ手段の1つだといえます。よく使われる質問の例として、次のようなものが挙げられます。

- 母親の旧姓は？
- 通っていた小学校の名前は？
- 飼っていたペットの名前は？
- 好きな映画のタイトルは？

秘密の質問では、このような質問と回答のペアを事前に登録しておき、パスワードを忘れた場合に尋ねることで本人確認をする方法で、一致した場合にパスワードをリセットできるようにしていることが多いです。

手軽に本人確認ができて便利ですが、その有効性には疑問があるともいわれています。その理由として、ブログやSNSが多く使われるようになり、これらの情報を本人が発信している可能性があることが挙げられます。本人が発信した情報を見ることで、第三者が本人になりすますことが可能になります。

また、回答の選択肢が少ないと、総当たりでも突破できる可能性があります。たとえば、小学校の名前は知らなくても出身地がわかっていると、付近の小学校の数は数十程度かもしれません。このように、第三者が推測してパスワードをリセットできてしまうと問題になります。プライバシーに関わる情報をサービス側が保持することにも課題があります。

複数の要素を組み合わせて認証する

IDとパスワードでのログインについて、さまざまなバックアップ方法を紹介しましたが、第三者からの不正ログインを防ぐためには、他の情報を組み合わせて安全性を高めることが求められます。

多要素認証

他の情報を組み合わせる代表的な例として、IDやパスワードのように本人が覚えている情報（**記憶情報**）だけを使うのではなく、人間の身体についての情報（**生体情報**）や、本人だけが持っている情報（**所持情報**）を組み合わせて認証する方法があります。

これは、それぞれを認証の1つの要素として考え、複数を組み合わせて認証することから、**多要素認証**と呼ばれます。一般に、**図7-4** の3つの要素のうち2つを組み合わせた方法を**2要素認証**といいます。

図7-4 多要素認証

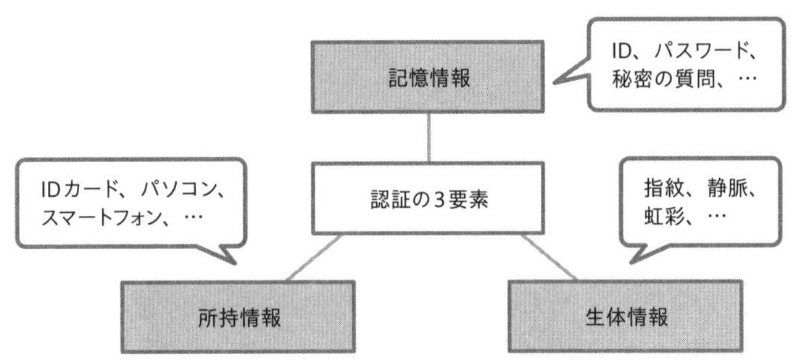

手軽に2要素認証を実現する方法として、スマートフォンなどに認証アプリをインストールしておき、IDとパスワードでログインしたときに、認証アプリに表示されているコードを表示する方法があります。また、IDとパスワードでログインしたときに、スマートフォンにSMS（ショートメッセージ）を送信し、そこに記載されている認証コードを追加で入力する方法もあります。これらの方法は、IDとパスワードを入力する1回目と、認証コードを入力する2回目に分かれているため、**2段階認証**と呼ばれることもあります。

認証アプリに表示されるコードは30秒程度で変わる一度限りのものなので、**ワンタイムパスワード**ともいいます。時間によって変わるものを**TOTP（Time-based One-Time Password）**といい、代表的な認証アプリとして、Google AuthenticatorやMicrosoft Authenticatorなどがあります。単に「ワンタイムパスワード」というときは、TOTPを指すことが一般的です。

時間ではなく、ハッシュ値によって変わるものを**HOTP（HMAC-based One-Time Password）**といい、代表的な製品としてYubiKey[6]などがあります。YubiKeyはYubicoが提供するハードウェア認証デバイスで、セキュリティキーをパソコンやスマートフォンに接続し、指紋認証などでログインする方法です。この場合は、認証デバイスという所持情報と、指紋という生体情報を使っているため、1段階での2要素認証を実現しているといえます。

---

6 https://www.yubico.com/products/security-key/

多要素認証のバックアップ

認証アプリを使った2要素認証のようにアプリを使う方法は手軽ですが、スマートフォンを紛失してしまうとログインできなくなってしまいます。また、YubiKeyのようなセキュリティキーが壊れることも考えられます。

このため、2要素認証などを設定したときには、他の方法でログインできるようにバックアップしておくことが重要です。ただし、そのバックアップしたものを第三者に使われないようにしなければなりません。

一般的には、2要素認証を設定したときに、そのサービスから「バックアップコード」と呼ばれる番号が発行されます。このコードを安全な場所に保管することで、万一の場合には復元できるようになっています。普段使うことはないコードなので、パソコンなどに保存するのではなく、印刷して金庫に保存するなどの方法が考えられます。

コンピュータを認証する

IDとパスワードを使う方法は、記憶によって「人」を認証する仕組みですが、人物ではなく「機器」を認証する方法を考えます。

公開鍵認証

IDとパスワードによる認証では、そのIDの所有者はいつでもどこからでもログインできます。会社など組織で契約しているアカウントで、自宅など社外からのログインを防ぎたい場合、IPアドレス制限を使う方法があります。この場合、会社のIPアドレス以外からはログインできないように設定できます（図7-5）。

図7-5 IPアドレス制限

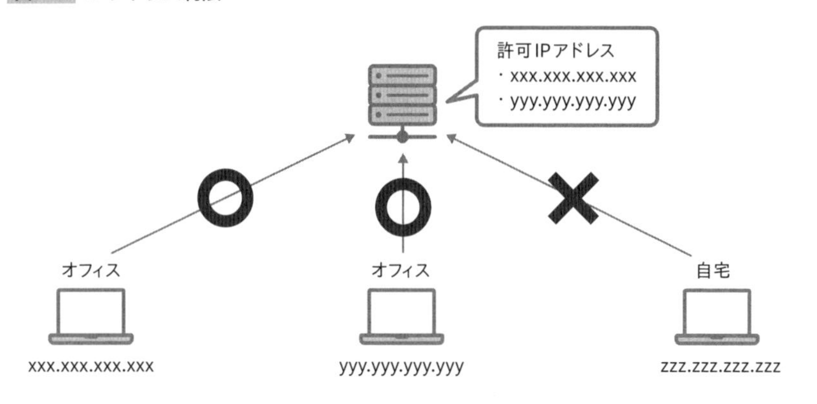

これは手軽な方法ですが、営業担当者などが外出先から仕事をしようと思っても、ログインできなくなります。VPN[7]などで社内に接続してから使用する方法もありますが、他の方法として**公開鍵認証**があります。

公開鍵認証はSSH[8]などでサーバーにログインするときによく使われる方法で、公開鍵という暗号化用の鍵をサーバーに登録しておき、復号用の秘密鍵を端末に保存しておく方法です。復号する際は、秘密鍵を使って署名を作成し、その署名をサーバー側に送信します。それをサーバー側に保存されている公開鍵で検証することで認証します（図7-6）。

図7-6 公開鍵認証

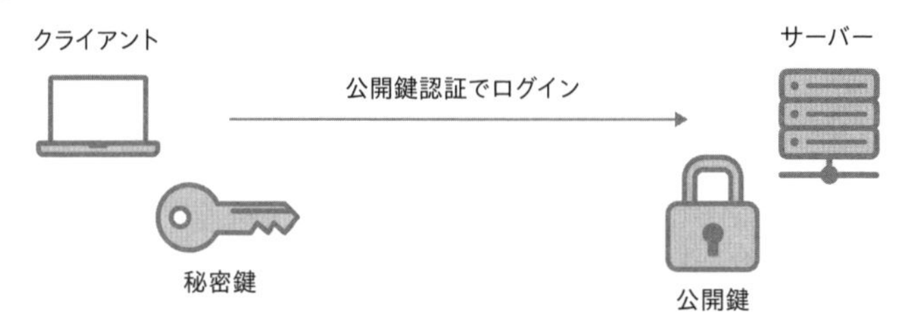

7 仮想専用線。インターネット上の仮想的なネットワークのこと。

8 ネットワークを介して遠隔でコンピュータにアクセスするプロトコル。

この場合、クライアント側が秘密鍵を所有していないと署名を作成できないため、秘密鍵を保存していない端末では認証できません。このため、会社の端末にだけ秘密鍵を保存しておけば、自宅の端末などからはアクセスできません。

秘密鍵のバックアップ

公開鍵認証で問題になるのは、秘密鍵を保存している端末が故障した場合です。秘密鍵が1つの端末にしか保存されていないと、その端末が故障してデータが失われるとログインできなくなります。

このとき、2通りの考え方があります。1つは、秘密鍵をバックアップする方法です。複数の端末に秘密鍵を配置し、それぞれの端末からアクセスできるようにする方法もありますが、一般的には別の媒体にコピーし、金庫などの安全な場所に保管しておきます。また、バックアップを保存する際に秘密鍵を暗号化しておくことで、万が一の情報漏洩に備えておきます。

なお、秘密鍵が格納された端末を盗まれると第三者がアクセスできてしまうため、そのような場合には公開鍵を無効化し、新しい公開鍵と秘密鍵のペアを再発行します。

もう1つは、鍵のペアを複数用意する方法です。それぞれの端末ごとに異なる秘密鍵を配置し、それに対応する公開鍵をサーバー側に設定します。これにより、どの端末からでもアクセスできるようになります。

故障や盗難など、秘密鍵が失われたときには、その鍵を無効にすることで安全性を確保します。新しい端末を用意できれば、新たな鍵を生成して設定します。

パスワードを使わずに認証する

IDとパスワードによる認証では、「長く複雑」で、「使い回さない」ようにする必要があり、使っているサービスの数が増えると覚えるのは現実的ではないことを説明しました。解決策としてパスワード管理ソフトの利用について解説しましたが、そもそもパスワードを使わない認証方法について考えます。

パスキー

パスワードを使わない認証方法の1つに**パスキー**があります。パスキーは、WebAuthnという規格にもとづく認証方法で、上記の公開鍵認証に似た仕組みを持ちます。公開鍵認証と同じように、サーバー側で公開鍵、端末側で秘密鍵を使うのは同じですが、この秘密鍵を読み出すときに指紋認証や顔認証などの生体認証を使います。

そして、利用者が使っているプラットフォーム内で証明書を同期することが特徴です。たとえば、AppleのiCloudで同期すると、iPhoneやiPad、macOSなどの製品でスムーズに同期できます。これにより、複数のデバイス間でパスキーを共有できるだけでなく、新しいデバイスを購入したときも、スムーズに利用できます（図7-7）。

図7-7 パスキー

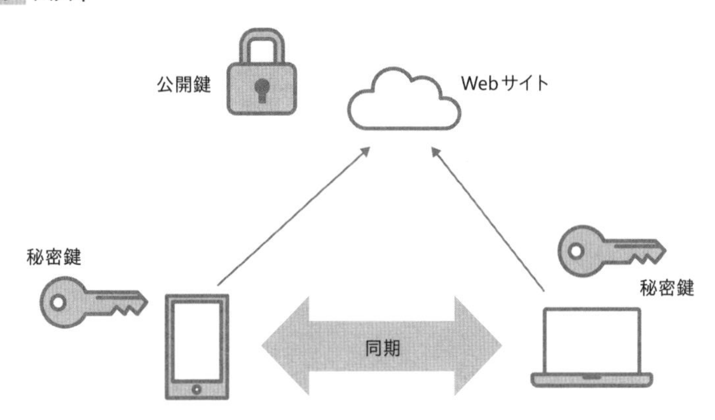

ここで、iCloudで同期しているときに、プラットフォーム外のWindowsパソコンでログインすることを考えてみましょう。このときは、ログイン画面上にQRコードが表示され、それをiPhoneなどのカメラで読み取ることで、iPhoneに保存されている秘密鍵を使ってパスキーでログインできます。

なお、WebAuthn対応のYubiKeyなどのセキュリティキーを利用して、パスキーを実現することもできます。認証したい端末とセキュリティキーをBluetoothで接続して、認証情報をやり取りするなどの方法により、異なるプラットフォームでパスキーを使うことも可能です。

パスキーのバックアップ

クラウドサービスを使ってパスキーがプラットフォーム内で同期されているときは、端末の故障についてはそれほど意識する必要はありません。また、端末の紛失についても、生体認証によって秘密鍵の読み取りから保護されているため安心だといえます。YubiKeyなどのセキュリティキーを使ってパスキーをバックアップすることもできます。

暗号化したディスクの認証

Windowsに搭載されているディスク暗号化機能として、BitLockerがあることを紹介しました[9]。BitLockerを使うと、ハードディスクやUSBドライブなどを全体として暗号化し、不正なアクセスからデータを保護できます。

しかし、このパスワードを失うとディスクの中身にアクセスできなくなるため、パスワードを忘れた場合への備えが必要です。

回復キーの保存方法

暗号化されたドライブにアクセスできなくなった場合にデータを復元するため、BitLockerには回復キーが用意されています。このBitLockerの回復キーを安全にバックアップするための方法について考えます。

9 3-4節参照。

Microsoftアカウントに保存する

BitLockerはMicrosoftが開発したものなので、Microsoftアカウントに保存する方法があります。この方法では、Microsoftのクラウド上に保存されるため、インターネット接続があればどこからでも回復キーにアクセスできます。ただし、Microsoftアカウントにアクセスできなくなると、回復キーにもアクセスできなくなるため、アカウントの管理が重要です。

印刷して保管する

紙に印刷して金庫などの安全な場所に保管する方法もあります。パスワードを紙に書いて保存することと同じように、サイバー攻撃などに対して有効です。ただし、保管場所には十分注意しなければなりません。

オフラインのストレージに保存する

USBメモリなどのオフラインのストレージに保存することも1つの方法です。インターネットに接続しなくても使えることから、サイバー攻撃に対するリスクを最小限に抑えられます。USBメモリのようなメディアは小型で持ち運びやすい一方で、物理的な紛失や故障のリスクがあります。

回復キーの管理

回復キーを1カ所に保存していると、それが失われたときにアクセスできなくなってしまうため、上記の保存方法を組み合わせて、複数の場所にバックアップを作成することを考えておきましょう。また、回復キーが正しく保存されていることを定期的に確認し、必要に応じて更新することが重要です。さらに、回復キーにアクセスできる人を限定しておくことが推奨されています。

7-3 データ以外のバックアップと冗長化

役立つのはこんなとき

- ネットワークの停止に備えたい
- ハードウェアの故障に備えたい
- ソフトウェアの不具合に備えたい

ネットワークのバックアップ

あらゆるサービスがインターネット上で提供される時代になり、ネットワークにつながらないと、何もできなくなってきています。ネットワークの重要性は増す一方です。短時間であってもネットワークが停止するとビジネスに大きな影響を与えるような環境では、ネットワークのバックアップ（冗長化）は必須です。

デュアルISP接続

デュアルISP接続が有効な場面

サーバーやデータセンターを運営しているような組織では、ネットワークにつながらないと顧客にサービスを提供できなくなってしまいます。一般に、インターネットに接続するときは1社のISP（インターネットサービスプロバイダ）と契約します。このISPで障害が発生すると、インターネットに接続できなくなります。

手軽に冗長化したいときは、複数のISPと契約する方法があります。これにより、一方のISPで障害が発生して接続できない状況になっても、もう一方のISPに切り替えることでインターネットに接続できます。もう1つのメリットとして、障害が起きてつながらないときだけでなく、接続は継続していても一方の回線の負荷が高くて低速でしか通信できないときに、もう一方に切り替えて使うことが可能になります。最近は高速なネットワーク回線のサービスが安価になってきたため、複数のISPと契約するハードルが下がっています。

個人レベルでは、複数の携帯電話事業者と契約する方法が手軽です。複数のSIMを搭載できるスマートフォンも増えており、複数の事業者と契約することで、接続する場所の電波の強さや混雑状況によって、高速な事業者の回線に切り替えて接続できます。

デュアルISP接続における3つの考え方

企業などの組織で複数のISPと契約するとき、どの部分を二重化するかによって、図7-8 のような3種類の考え方があります。

図7-8 デュアルISP接続の考え方

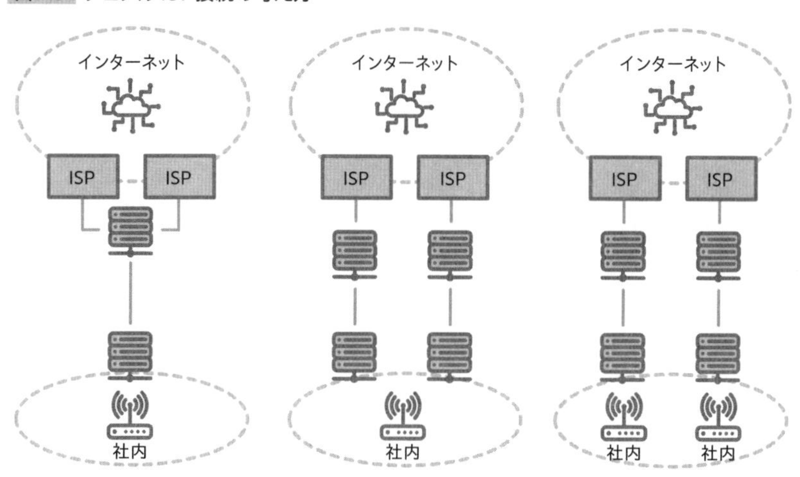

1つ目はルーターや回線は1つで、ISPだけを切り替える方法です。工事が1つで済むため、最も安価に実現できます。

2つ目はISPだけでなく、回線そのものも異なる事業者と契約する方法です。それぞれに工事が必要で、月額の契約料も支払う必要はありますが、ルーターの接続先を変えることで回線の障害にも対応できます。

3つ目は、ルーターも複数用意して、完全に独立した回線を構築する方法です。両方の回線を同時に利用することで、多くの利用者がいる環境では全体の帯域幅を増加させられます。

マルチホーミング

デュアルISP接続を使用している場合、障害が発生したときに手動で切り替えることもできますが、自動的に切り替えたいものです。そこで使われる技術として、**マルチホーミング**があります。

マルチホーミングには、**BGP（Border Gateway Protocol）**というルーティングプロトコルが使われることが一般的です。BGPは、異なるネットワーク間でのルーティング[10]を管理するためのプロトコルで、2つ以上のISPなどを接続するときに使われます。

BGPを使うと、複数のISPを通じて動的にルートを調整し、最適な経路を選択できます。これにより、ISPのいずれかに障害が発生しても、トラフィックを自動的に他のISPにルーティングできます。

リンクアグリゲーション

マルチホーミングと同じように、回線の負荷分散や冗長性を確保する目的で導入される方法として、**リンクアグリゲーション**があります。これは1つのISPとの間で、複数の回線を契約する方法です。これにより、複数のネットワーク回線を1つの論理的な回線として扱うことができます（図7-9）。

---

10 ISPなどが所有する経路情報を相互にやり取りして、そのISPを使う利用者に対し最適な経路を提供できるようにする技術。

企業などの組織で使うネットワークやデータセンターのように、大量の通信が発生する環境では、単独のネットワークよりも帯域幅を増やすことができ、冗長化を実現できます。

図7-9 リンクアグリゲーション

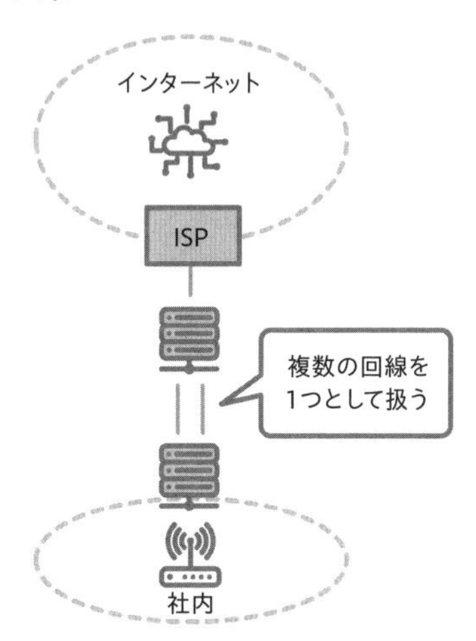

リンクアグリゲーションは、IEEE 802.3adという規格で国際標準として定められている**LACP（Link Aggregation Control Protocol）**というプロトコルであるため、異なるベンダーのネットワーク機器間でも互換性があります。

また、ネットワークの追加や削除を動的にできるため、新しいネットワークインターフェースを追加すると、自動的に組み込まれます。逆に、障害が発生したときは自動的に除外されます。これにより、管理者が手動で設定する必要がなく、効率よい運用が可能になります。

また、1つのネットワークインターフェースが故障しても、残りは動作を続けます。帯域幅は減少しますが、他のインターフェースが自動的にトラフィックを引き継ぐため、ネットワークの可用性が向上します。

ハードウェアの冗長化

内蔵ストレージとしてハードディスクはよく使われていますが、比較的故障が多い機器です。データが記録されている円盤の「プラッタ」と呼ばれるディスクが高速に回転しており、そのすぐ近くで磁気ヘッドが読み取るため、ちょっとした衝撃でも故障につながることがあります。

このような機器についてはバックアップを意識している人が多い一方で、その他のハードウェアのバックアップについてはあまり意識していないことがあります。そこでここでは、ストレージ以外の冗長化について考えます。

CPUやメモリなどの故障に備える

一般的なパソコンでは、CPUやメモリが壊れることを想定することは、あまりありません。これらが故障したときには、新しいパソコンに買い替えることが多いでしょう。

しかし、サーバーの場合は、短期間であっても停止することそのものが許されないのが普通です。CPUやメモリが故障したときに、性能を落としてでも動作を続けることが求められます。

CPUの故障対策

このように高い稼働率が求められるサーバーでは、2個以上のCPUを搭載することにより、1つのCPUに障害が発生しても、他のCPUで処理を継続できます。CPUに限らず、1つのシステムに障害が発生したときに、一部が使えない状態でも動作させて運用を続けることを、**縮退運転**あるいは**縮退運用**といいます（図7-10）。

図7-10 縮退運転

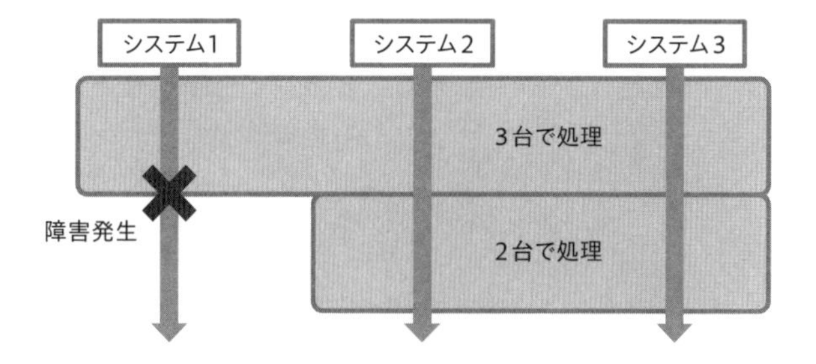

メモリの故障対策

メモリの故障については、**ECC（Error Correction Code；エラー訂正符号）**といった、エラーがあったときに訂正できるような符号を保持するメモリがあります。ECCは第3章で解説したパリティなどを使って、1ビットの誤りが発生したときに訂正できる仕組みです。

ECC対応メモリは高価ですし、メモリを変えるだけでなくCPUなどを含めて対応した製品に変える必要があります。このため、金融機関やデータセンターなど、計算結果の正確性が求められるサーバーなどで使われています。

その他にも、メモリで発生するエラーに備えるために、**メモリミラーリング**や**メモリスペアリング**といった機能があります。

メモリミラーリングは、コンピュータに複数のメモリを搭載し、そのいずれにも同じデータを書き込む方法です。一方のメモリで訂正不可能なエラーが発生した場合は、もう一方のメモリのデータを使って継続して運転できます。使えるメモリ容量は、搭載しているメモリ容量の半分になります。

メモリスペアリングは、予備のメモリを待機させ、使用中のメモリでエラーが発生したときに、待機していた予備のメモリに自動的に切り替えて処理を継続する方法です。

周辺機器の冗長化

コンピュータ本体を構成するパーツを冗長化することで、そのコンピュータ内での故障についてはある程度備えられることがわかりました。しかし、コンピュータ本体だけでなく、周辺機器も故障することがあります。特に、キーボードやマウス、プリンタ、マイク、スピーカーなどは壊れることをあまり意識していないかもしれません。しかし、これらの周辺機器も壊れる可能性があります。

キーボードやマウスは壊れると業務に大きな影響が出ますが、最近はBluetoothなどで無線でも接続できるようになりました。そのおかげで、複数の機器を接続しておくことができます。実際に故障しても簡単に付け替えられますし、比較的安価な機器であるため、消耗品だと考えてバックアップとしていくつか用意しておくことを推奨します。

一方、プリンタやマイク、スピーカーといった機器は、使用されている時間が短いことが多く、1日程度は使えなくても影響は少ないと考えることもできます。この影響が出る期間を考慮し、故障してから購入しても間に合うのかを判断します。

電源の供給

サーバーとして使うコンピュータでは、電源ユニットも複数用意されており、1つの電源ユニットが故障しても、もう一方で動作を続けられるようになっています。しかし、故障ではなく停電でも電源の供給は止まります。電源ユニットが複数存在しても、両方とも電源の供給が停止すると稼働を続けることはできません。データセンターであれば、瞬間的な停電でも大問題になります。コンピュータは電子機器なので、停電の影響は大きいといえます。

UPSと自家発電装置

サーバーを稼働させる環境では、**UPS（無停電電源装置）**を備えるのに加え、複数の電力会社と契約していることもあります。UPSは停電している間も継続して稼働を続けるというよりも、停電が発生しても安全にサーバーをシャットダウンさせるために短時間の電力を確保する目的で使われます。

また、地震などの災害に備えて、ビル単位で**自家発電装置**を備えていることが一般的です。データセンターでは3日程度の停電に耐えられるように、自家発電装置専用の燃料を保持していることがあります。それだけでなく、災害発生時には優先して燃料が補給される契約を締結していたりします。

データセンターの品質基準「Tier」

設備の冗長性や稼働信頼性などをもとにして、データセンターの品質を定める基準として**Tier**（ティア）があります。Tier 1からTier 4までの4段階があり、数字が大きいほど災害対策や設備の冗長性が確保されているデータセンターであることを意味します。一般に、データセンターを選定するときには、複数の電源供給経路を持つTier 3以上を基準とすることが多いでしょう。

このTierはアメリカの民間団体によって定められたものです。日本に合わせた日本専用の基準として、日本データセンター協会が定めた「データセンターファシリティスタンダード」があります。

ソフトウェアの冗長化

ハードウェアについては、さまざまな冗長化の手法が用意されていることがわかりました。しかし、基本的に冗長化されていないのがソフトウェアです。OSもアプリケーションも、問題が発生したときに切り替えることは、基本的にできません。そんな中でもできる対応について解説します。

インストールメディアのコピー

ハードウェアが故障したときや、OSなどの再インストールが必要なときは、一般的にOSのインストールメディアを使って初期化する方法が使われます。また、アプリケーションでもCDやDVDで配布されている場合は、そのメディアを使ってインストールします。

最近では、OSやアプリケーションをインターネット上からダウンロードしてインストールすることも増えましたが、欲しいバージョンのデータが提供されていない可能性があります。たとえば最新バージョンのみが公開されており、古いバージョンが手に入らないことがあります。

このため、会社の内部で使うソフトウェアのバージョンを合わせたいときは、ある時点でのインストーラなどをダウンロードし、CDやDVDなどに保管しておく必要があります。

多くの場合、CDやDVDなどで配布されたインストーラは、CDやDVDをパソコンに入れると自動的にインストールが始まるような仕組みになっています。これは、一般的なファイルが格納されているのではなく、自動起動のプログラムが設定されているためです。このため、単純にCDやDVDに格納されているファイルをコピーするだけでは、自動起動が動作しません。

このようなCDやDVDの全体を1つにまとめた形式としてISOイメージというファイル形式があります。拡張子が「.iso」であることから、ISOファイルと呼ばれることもあります。最近では、仮想ドライブといったCDやDVDなどのドライブを仮想的に実現した機能がWindowsなどでも搭載されており、ISOファイルを読み込んで、実際にCDドライブやDVDドライブを扱うように操作できるようになりました。

UNIX系OSでISOをCDやDVDに書き込む

ISOファイルをCDやDVDに書き込むとき、LinuxなどのUNIX系OSでは、「dd」というコマンドが使われることがあります。これは、ファイルをファイル単位でコピーするのではなく、ブロック単位でコピーするコマンドです。

```
$ dd if=<コピー元デバイス> of=<コピー先デバイス>
```

このコマンドにより、ISOイメージなどをCDやDVDに書き込んでコピーできます。CDやDVDのバックアップにも使えます。

不具合（バグ）とバージョン管理

ハードウェアは物理的な故障が発生するのに対し、ソフトウェアには物理的な故障がありません。人間が作成したソースコードにもとづいて作成されたプログラムが動作しているわけですが、このソースコードの記述に何らかの問題があると障害が発生します。

このように、ソースコードの記述に問題があり、プログラムが正しく動作しない現象を**不具合（バグ）**といいます。この不具合が表面化する理由として、次のようなパターンが考えられます。

更新によって不具合が作り込まれた

ソフトウェアの開発者によって新しい機能を追加したり、既存の不具合を修正したりしたときに、新たに不具合が作り込まれることがあります。このときは前のバージョンに戻すか、不具合を修正するといった対応が考えられます。

不具合が残っていた

これまで使っていて問題はなかったものの、何らかの条件を満たしたことで既存のソフトウェアに残っていた不具合が発現する場合があります。不具合を修正する他、その条件を満たさないように動作させる方法をとることが考えられます。

他の影響で不具合が発生した

OSのアップデートや、使っているライブラリのアップデート、ハードウェアの変更などにより、プログラムを変更しなくても、直前まで問題なく動いていたソフトウェアが正しく動作しなくなることもあります。どの変更が影響したのかを調べて、前のバージョンに戻すなどの対応をします。

更新によって不具合が作り込まれた場合、その更新前のバージョンに戻すことができれば、とりあえず問題は回避できます。利用者としては、過去のバージョンを保存しておき、問題が発生した場合には戻す方法が考えられます。また、開発者のWebサイトなどで過去のバージョンが公開されていれば、それをダウンロードして導入する方法もあります。

開発者としては、第4章で解説したように、ソフトウェアの変更履歴を管理するバージョン管理システムを使っていることが一般的です。これによって、過去の特定のバージョンに戻せます。ソフトウェアの変更による問題が発生した場合でも、迅速に復旧できます。

難しいのは「不具合が残っていた」場合と、「他の影響で不具合が発生した」場合でしょう。原因の特定が難しいこともありますし、プログラムを前のバージョンに戻すわけにはいかず、その他の回避策を考えることになります。たとえば、異なる環境で同じように実行して再現されるかを調べて、その不具合が発生する条件を避ける方法を探ります。

代替ソフトウェアの把握

使っているソフトウェアに不具合があることが判明しても、古いバージョンに戻せないことがあります。たとえば、開発元がすでに廃業していて修正できなかったり、サポート期間が終了していて新しいバージョンが開発されなかったりする状況が考えられます。

代替ソフトウェアと汎用的なフォーマット

こういった状況では、そのソフトウェアを使い続けることは難しく、代替ソフトウェアに切り替える必要があります。このため、普段から使っているソフトウェアの代替ソフトウェアを探しておくことは重要です。

たとえば、文書作成ソフトや表計算ソフトのようなオフィスソフトであれば、代替ソフトウェアはいくつも存在します。ただし、それぞれのソフトウェアがまったく同じ機能を提供しているわけではなく、作成したデータが他のソフトウェアでは同じように表示されないこともあります。

このような問題を避けるために、普段から汎用的なフォーマットで作成することも考えられます。テキストファイルであればどのような環境でも扱えるため、テキスト形式のフォーマットで作成するといったことです。たとえば、HTMLやCSS、Markdownなどの形式で作成したファイルは、他のソフトウェアでも扱えることが特徴の1つです。

OSの代替は難しい

代替ソフトウェアが難しい例としてOSがあります。Windowsなどは新しいバージョンが次々登場し、便利な機能が追加されています。しかし、古いコンピュータでは新しいバージョンを動かせないことがあります。このため、まだ問題なく動作しているコンピュータでも、使えなくなる前に買い替えを検討しなければならない状況が発生します。macOSやLinuxなど他のOSに変更する方法もありますが、Windowsで使っていたソフトウェアが動作しないという問題があります。もちろん、幅広いOSに対応したアプリケーションもありますが、すべてのアプリケーションが動作するわけではないため、ある程度は割り切りが必要です。

オーケストレーション

ソフトウェアの冗長化を考える意味では、複数のコンピュータを使って、連携して動作するようなソフトウェアを考えることがあります。たとえば、効率よくシステムの運用管理をサポートする技術として、**オーケストレーション**があります。

第5章ではDockerについて解説しましたが、コンテナを使ったオーケストレーションツールとして**Kubernetes**があります。Kubernetesを使うと、複雑なシステムでも効率よく運用管理ができ、人為的なミスを減らすことにつながります。

あとがき

本書を読んで、バックアップにはさまざまな種類があることをわかっていただけたと思います。作業をする前にバックアップを取得するのではなく、可能な限り自動的にバックアップする体制を作り、バックアップを習慣化することが重要です。

バックアップを習慣にしていると、便利なサービスを使うときの意識も大きく変わってきます。私たちが日常的に利用するクラウドサービスは、データの保存や管理を簡単にしてくれる一方で、そのデータは手元にありません。

たとえば、海外にあるサーバーにデータが保存される場合、その国の法律や規制が適用されるため、データの取り扱いに影響を与える可能性があります。このため、データの保存場所や管理方法について考えるようになり、安全にデータを扱うための意識が高まります。

また、多くのクラウドサービスは、データを簡単にエクスポートできる機能を提供していますが、その機能がどのように使えるのか、エクスポートできるデータの形式や内容についても理解しておくことが大切です。特定のフォーマットでしかエクスポートできない場合、他のサービスでの利用が難しくなります。定期的にバックアップし、他のシステムにインポートできるかを考えると、データのエクスポートに関する知識も深まり、将来的にデータを移行する際の手間を軽減できます。

さらに、自分が作成したデータは自分で管理できるべきだという意識も強まります。クラウドサービスは便利ですが、その便利さに甘んじてしまうと、自分のデータに対する責任感が薄れてしまう危険性があります。自分のデータを他人に預けることは、そのデータがどのように扱われるかを完全にはコントロールできないことを意味します。バックアップを習慣化することで、自分のデータを自らの手で管理し、必要なときに必要な方法でアクセスできるようになります。

バックアップはデータの保存手段にとどまらず、デジタルライフ全体を見直すきっかけだといえるでしょう。自分のデータを守るための第一歩として、ぜひバックアップを日常の一部に取り入れてみてください。

2025年1月　増井 敏克

INDEX

あ

か

ま

ら

わ

本書内容に関するお問い合わせについて

このたびは翔泳社の書籍をお買い上げいただき、誠にありがとうございます。弊社では、読者の皆様からのお問い合わせに適切に対応させていただくため、以下のガイドラインへのご協力をお願い致しております。下記項目をお読みいただき、手順に従ってお問い合わせください。

ご質問される前に

弊社Webサイトの「正誤表」をご参照ください。これまでに判明した正誤や追加情報を掲載しています。

正誤表 https://www.shoeisha.co.jp/book/errata/

ご質問方法

弊社Webサイトの「書籍に関するお問い合わせ」をご利用ください。

書籍に関するお問い合わせ https://www.shoeisha.co.jp/book/qa/

インターネットをご利用でない場合は、FAXまたは郵便にて、下記“翔泳社 愛読者サービスセンター”までお問い合わせください。電話でのご質問は、お受けしておりません。

回答について

回答は、ご質問いただいた手段によってご返事申し上げます。ご質問の内容によっては、回答に数日ないしはそれ以上の期間を要する場合があります。

ご質問に際してのご注意

本書の対象を超えるもの、記述個所を特定されないもの、また読者固有の環境に起因するご質問等にはお答えできませんので、予めご了承ください。

郵便物送付先およびFAX番号

送付先住所　〒160-0006　東京都新宿区舟町5
FAX番号　03-5362-3818
宛先　㈱翔泳社 愛読者サービスセンター

※本書に記載されたURL等は予告なく変更される場合があります。

※本書の出版にあたっては正確な記述につとめましたが、著者や出版社などのいずれも、本書の内容に対してなんらかの保証をするものではなく、内容やサンプルに基づくいかなる運用結果に関してもいっさいの責任を負いません。

※本書に掲載されているサンプルプログラムやスクリプト、および実行結果を記した画面イメージなどは、特定の設定に基づいた環境にて再現される一例です。

PROFILE | 著者プロフィール

増井 敏克（ますい としかつ）
増井技術士事務所 代表
技術士（情報工学部門）
1979年奈良県生まれ。大阪府立大学大学院修了。テクニカルエンジニア（ネットワーク、情報セキュリティ）、その他情報処理技術者試験にも多数合格。
また、ビジネス数学検定1級に合格し、公益財団法人日本数学検定協会認定トレーナーとしても活動。「ビジネス」×「数学」×「IT」を組み合わせ、コンピュータを「正しく」「効率よく」使うためのスキルアップ支援や、各種ソフトウェアの開発を行っている。
著書に『実務で使える メール技術の教科書』、『図解まるわかり セキュリティのしくみ』、『図解まるわかり データサイエンスのしくみ』、『IT用語図鑑』（以上、翔泳社）、『基礎からのWeb開発リテラシー』、『Obsidianで"育てる"最強ノート術』（以上、技術評論社）、『1週間でシステム開発の基礎が学べる本』、『データ分析に強くなるSQLレシピ』（以上、インプレス）などがある。

装丁・本文デザイン　大下 賢一郎
DTP　BUCH+

実務で役立つ バックアップの教科書
基本の考え方からツール活用・差分管理・世代管理・データ保全・リストア・リカバリー・可用性の確保まで

2025年 2月19日　初版第1刷発行

著　者　増井 敏克
発行人　佐々木 幹夫
発行所　株式会社 翔泳社（https://www.shoeisha.co.jp）
印刷・製本　株式会社 加藤文明社

ISBN 978-4-7981-8838-6
Printed in Japan